水电厂安全教育培训教材

生产单位管理人员分册

李华　高国庆　王宁　编

中国电力出版社
CHINA ELECTRIC POWER PRESS

内 容 提 要

　　《水电厂安全教育培训教材》针对水电厂各类人员量身定做，内容紧密结合现场安全工作实际，突出岗位特色，明确各岗位安全职责，将安全教育与日常工作结合在一起，巧妙地将安全常识、安全规定、安全工作、事故案例结合起来。员工通过本教材的学习，能达到增强安全意识，提高安全技能的目的。本册是《生产单位管理人员分册》，主要内容包括：安全组织体系、安全工作管理、安全隐患排查治理、生产单位管理岗位安全管理知识和技能。其中安全组织体系包括电力安全管理、安全生产责任制、安全生产保证体系、安全生产监督体系；安全工作管理包括风险管理、应急管理、事故调查；安全隐患排查治理包括隐患定义与分级、工作机制、隐患排查治理；生产单位管理岗位安全管理知识和技能包括分管生产副总经理、总工程师（副总工程师）、安全监察质量部主任、安全监督管理专责、消防保卫管理专责、质量监督及可靠性管理专责、运检部主任、运检部副主任（维护）、运检部副主任（运行）、运检部副主任（技术管理）、运检部安全专工、运检部科技与环保专工、运检部电气一次专工、运检部电气二次专工、运检部水机专工、运检部水工专工等安全管理知识和技能。

　　本套教材是水电厂消除基层安全工作中的薄弱环节，开展安全教育培训的首选教材，也可供水电厂各级安全监督人员及相关人员学习参考。

图书在版编目（CIP）数据

　　水电厂安全教育培训教材. 生产单位管理人员分册/李华，高国庆，王宁编. —北京：中国电力出版社，2017.1

　　ISBN 978-7-5198-0029-1

　　Ⅰ.①水… Ⅱ.①李… ②高… ③王… Ⅲ.①水力发电站—安全生产—生产管理—技术培训—教材 Ⅳ.①TV73

　　中国版本图书馆CIP数据核字（2016）第275919号

中国电力出版社出版、发行

（北京市东城区北京站西街19号　100005　http://www.cepp.sgcc.com.cn）
北京博图彩色印刷有限公司印刷
各地新华书店经售

＊

2017年1月第一版　　2017年1月北京第一次印刷
850毫米×1168毫米　32开本　4.5印张　95千字
印数0001—2000册　　定价**26.00**元

《水电厂安全教育培训教材》

编 委 会

前言
FOREWORD

随着近年来水电行业的快速发展，水电建设的步伐逐年加快，对水电人才的需求也逐步增多，这对水电企业的安全教育培训提出了更高的要求。为了进一步提高水电企业的安全教育培训质量，充分发挥安全教育培训在安全责任落实、安全文化落地、人员素质提升等方面的作用，特组织行业专家编写本套《水电厂安全教育培训教材》。

本套教材共分为5个分册，包括《新员工分册》《现场生产人员分册》《生产单位管理人员分册》《基建单位管理人员分册》《参建施工人员分册》。

本套教材针对水电厂各类人员量身定做，适用于生产和基建单位新入职人员、一线员工和各级管理人员，内容紧密结合现场安全工作实际，突出岗位特色，明确各岗位应掌握的安全知识和应具备的安全技能，将安全教育与日常工作结合在一起，巧妙地将安全常识、安全规定、安全工作、事故案例等结合起来。通过分阶段、分岗位、分专业的系统性培训，全面提升各级生产人员的安全知识储备和安全技能积累。

本册是《生产单位管理人员分册》，主要内容包括安全组织体系、安全工作管理、安全隐患排查治理、生产单位管理岗位安全管理知识和技能。其中安全组织体系包括电力安全管理、安全生产责任制、安全生产保证体系、安全生产监督体系；安全工作管理包括风险管理、应急管理、事故调查；安全隐患排查治理包括隐患定义与分级、工作机制、隐患排查治理；生产单位管理岗位安全管理知识和技能包括分管生产副总经理、总工程师（副总工程师）、安全监察质量部主任、安全监督管理专责、消防保卫管理专责、质量监督及可靠性管理专责、运检部主任、运检部副主任（维护）、运检部副主任（运行）、运检部副主任（技术管理）、运检部安全专工、运检部科技与环保专工、运检部电气一次专工、运检部电气二次专工、运检部水机专工、运检部水工专工等安全管理知识和技能。参加本册编写的人员有李华、吕田、宋绪国、高国庆、李少春、罗涛、李显、王吉康、靳永卫、袁冰峰、邓亚新、王宁、董飞燕、张建伟、王健、顾希明。

　　本套教材是水电厂消除基层安全工作中的薄弱环节，开展安全教育培训的首选教材，也可供水电厂各级安全监督人员及相关人员学习参考。

　　由于编写时间仓促，本套教材难免存在疏漏之处，恳请各位专家和读者提出宝贵意见，使之不断完善。

编者

目 录
CONTENTS

前言

第四章 生产单位管理岗位安全管理知识和技能

第一章
安全组织体系

第一节　电力安全管理

按照系统论的观点，所谓体系，是指由两个以上相互作用的要素（部分或环节），按一定的结构组成的具有特定功能的有机整体。

安全管理体系是指运用现代科学技术和科学管理，为保护劳动者在生产经营过程中的安全与健康，在改善劳动条件、预防工伤事故等方面所进行的一切活动。也可以这样理解，安全管理就是管理者对安全生产进行的计划、组织、指挥、协调和控制的一系列活动，以实现生产过程中人与机器设备、物料、环境的和谐，保护生产经营活动中人的安全和健康，保护国家和集体的财产不受损失。安全管理的基本对象是企业的员工，涉及企业中的所有人员、设备设施、物料、环境、财务、信息等各个方面。安全管理内容包括安全生产管理机构和安全生产管理人员、安全生产责任制、安全生产管理规章制度、安全生产策划、安全培训教育等。

安全包含三个不可或缺的要素——人、物和环境。其中，首先是人，即作业操作者行为的安全；其次是物，即作业者所涉及的设施、设备、原材料、产品等作业条件的安全；最后是环境，即作业者所处的物质环境和人文环境状态的安全。三者有机结合，构成一个动态的安全系统。安全的三要素相互制约，并在一定条件下相互转化。在实际的生产过程中，就要从这三个要素着手，努力避免它们之间的不协调，保证整个系统的安全、稳定。

安全生产是指为预防生产过程中发生人身、设备事故，形成良好劳动环境和工作秩序而采取的一系列措施和活动，既包括对劳动者的保护，也包括对生产、财物、环境的保护，目的是使生产活动正常进行。

随着安全管理实践的发展，现代人们又提出了"本质安全"的理念。当前，本质安全多指通过追求企业生产流程中人、物、系统、制度等诸要素的安全、可靠、和谐、统一，使各种危害因素始终处于受控制状态，进而逐步趋近本质型、恒久型安全目标。

本质安全具有四大基本特征：一是人的安全可靠性，不论在何种作业环境和条件下，都能按规程操作，杜绝"三违"，实现个体安全；二是物（机器设备）的安全可靠性，不论在动态过程中，还是静态过程中，物始终处在能够安全运行的状态；三是系统的安全可靠性，在日常安全生产中，不因人的不安全行为或物的不安全状况而发生重大事故，形成"人机互补、人机制约"的安全系统；四是制度规范、管理科学，杜绝管理失误，生产过程中实现零缺陷、零事故，从而基本形成无灾可救、无险可抢、无事故发生的格局。

本质安全致力于系统追问，本质改进。强调以系统为平台，透过繁复的现象，去把握影响安全目标实现的本质因素，找准可牵动全身的那"一发"所在，通过思想无懈怠、管理无空档、设备无隐患、系统无阻塞，实现质量零缺陷、安全零事故。本质安全是安全生产管理预防为主的根本体现，也是安全生产管理的最高境界。实际上由于技术、资金和人们对事故的认识等原因，到目前还很难做到本质安全，只能作为我们为之奋斗的目标。

一、电力企业安全管理的目标和任务

近年来，电力企业安全生产保持了良好稳定态势，但也必须清醒地认识到，不安全事件或事故时有发生，当前电力企业在安全生产方面还有一些不容忽视的问题，如习惯性违章、管理相对落后等，电力企业加强安全管理的工作依旧任重而道远。

电力安全管理的目标是维护电力系统安全稳定，有效地预防事故的发生，保证电力正常供应，防止和杜绝人身死亡、大面积停电、主设备严重损坏、电厂垮坝、重大火灾等重特大事故以及对社会造成重大影响的事故发生。

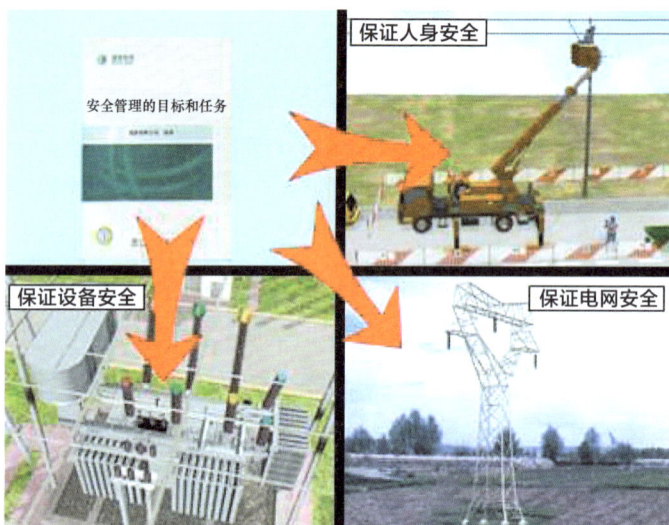

按照规定，电力企业是电力安全生产的责任主体。电力企业对本单位的安全生产全面负责，其主要行政负责人是安全生产第一责任人，建立和落实安全生产责任制。电力企业安全管理的主要任务包括建立健全电力安全生产保证体系和电力安全生产监督体系；严格遵守国家有关电力安全的法律、法规及行业规程、标准，制定电力安全生产事故应急处理预案，督促、检查安全生产工作，及时消除事故隐患，实施安全生产教育培训等。

《中华人民共和国安全生产法》

第三条　安全生产工作应当以人为本，坚持安全发展，坚持安全第一、预防为主、综合治理的方针，强化和落实生产经营单位的主体责任，建立生产经营单位负责、职工参与、政府监管、行业自律和社会监督的机制。

第四条　生产经营单位必须遵守本法和其他有关安全生产的法律、法规，加强安全生产管理，建立、健全安全生产责任制和安全生产规章制度，改善安全生产条件，推进安全生产标准化建设，提高安全生产水平，确保安全生产。

《国家电网公司安全工作规定》

第三条　公司各级单位实行以各级行政正职为安全第一责任人的安全责任制，建立健全安全保证体系和安全监督体系，并充分发挥作用。

二、电力安全管理体系的组成及相互关系

随着电力系统安全生产精益化管理的提升，逐步形成了一套较为科学和完整的安全管理体系。电力企业安全管理体系包括安全生

产责任制、安全生产保证体系和安全生产监督体系。

安全生产责任制是安全监督体系的核心内容。安全生产保证体系和安全生产监督体系是从属于安全生产这一系统工程中的两个子系统，都是为达到企业安全生产的共同目的而建立和工作的。

安全生产保证体系和安全生产监督体系各自的职责和分工有所不同。安全生产保证体系要保证企业在完成生产任务的过程中实现安全、可靠；要解决安全生产在实施全员、全方位、全过程的闭环管理过程中，谁对哪些工作负责，在哪些范围内负责，负什么样的责任，使企业生产的每项工作、每个岗位人员都时时、处处考虑到安全问题，落实好安全生产保证措施。安全生产监督体系则直接对企业安全第一责任人和安全主管领导负责，要监督、检查安全生产保证体系在完成生产任务的全过程中，是否严格遵守各种规章制度的规定，是否落实了安全技术措施和反事故技术措施，是否保证了企业生产的安全可靠。所以，安全生产监督体系是制约者，安全生产保证体系是被制约的对象。

从安全生产保证体系和安全生产监督体系对生产安全的作用因素看，安全生产保证体系起到内因的作用，安全生产监督体系起到外因的作用。因此，要夯实电力企业的安全生产基础，建立长效的安全生产管理机制，确保安全生产，其保证体系的有效运作起着决定性作用。安全生产监督体系的作用，就是监督、检查安全生产保证体系运转是否正常，是否有效。

第二节　安全生产责任体制

一、安全生产责任制定义

安全生产责任制是根据我国的安全生产方针"安全第一、预防为主、综合管理"和安全生产法规建立的各级领导、职能部门、工程技术人员、岗位操作人员在劳动生产过程中对安全生产层层负责的制度，具体体现在层层签订安全责任书。安全生产责任制主要指企业的各级领导、职能部门和在定岗位上的劳动者个人对安全生产工作应负责任的一种制度。安全生产责任制是企业岗位责任制的一个组成部分，是企业中最基本的一项安全制度，也是企业安全生产、劳动保护管理制度的核心。

安全生产责任制是生产经营单位和企业岗位责任制的一个组成部分，根据"谁主管谁负责，管业务必须管安全"的原则，安全生产责任制综合各种安全生产管理、安全操作制度，对生产经营单位和企业各级领导、各职能部门、有关工程技术人员和生产从业人员在生产经营过程中应负的安全责任加以明确规定的制度。生产经营单位和企业安全生产责任制的主要内容是厂长、经理是法人代表，是生产经营单位和企业安全生产的第一责任人，对生产经营单位和企业的安全生产负全面责任；生产经营单位和企业的各级领导及生产管理人员在管理生产的同时必须负责管理安全工作，在计划、布置、检查、总结、评比生产时必须同时计划、布置、检查、总结、评比安全生产工作；有关的职能机构和人员，必须在自己的业务工作范围内，对实现安全生产负责；职工必须遵守以岗位安全责任制为主的安全生产制度，严格遵守安全生产法规、制度，不违章作业，并有权拒绝违章指挥，险情严重时有权停止作业，采取紧急防范措施。

二、安全生产责任体制的构成和主要功能

安全生产责任制是我国当前安全生产管理体系的核心内容，是我国安全生产战线几十年工作的心血结晶。安全生产责任制是依据管理科学的基本理论而建立的，其基本思想完全符合管理的系统原理中的整分合原则，将安全生产责任制作为个整体来把握，并科学地分解到企业的各个职能部门、各级管理人员，同时赋予相应的权力和利益，使每个人和部门各司其职，各负其责，既有分工又有合作，最后再通过相应管理部门有效的综合统一协调、掌控全局、同步发展，达到实现安全生产的目的。

第三节　安全生产保证体系

一、安全生产保证体系的定义

企业为了安全生产的目的，利用系统工程的理论，把从事企业生产的有关人员、设备进行有机的组合，并使这种组合在企业生产的全过程中进行合理运作，形成合力，在保证安全生产的各个环节

上发挥最大的作用，从而在完成生产任务的同时，完成电力产品价值的转化，这种组合就是安全生产保证体系。也可以理解为安全生产保证体系是以安全生产为目的，由确定的组织结构形式、明确的活动内容，配备必须的人员、资金、设施和设备按规定的技术要求和方法，去展开安全管理工作这样一个系统的整体。在这个体系中，有三个基本的要素：一个是人员，一个是设备，一个是管理。人员素质的高低是安全生产的决定性因素，优良的设备和设施是安全生产的物质基础和保证，科学的管理则是安全生产的重要措施和手段。只有通过人员、设备和管理这三个要素在安全生产的动态过程中不断地提高和发展，并且更加有机地结合，才能搞好安全生产，保持长期稳定的安全生产局面。从这一内涵出发，安全保证体系的根本任务，就是要通过持之以恒的努力，不断地提高安全生产三个要素的品质，实现三个要素的最优组合和协调发展。

二、安全生产保证体系的基本构成和主要功能

1. 决策指挥保证系统

决策指挥保证系统是核心。主要功能：根据国家和上级安全生产的方针政策、法律法规，制定企业安全、环境、质量方针和目标；健全安全生产责任制，对安全生产实行全员、全方位、全过程的闭环管理，发挥激励机制作用；保证安全经费的有效投入，重视员工的安全教育，健全三级安全监督网；审核批准企业安全文化创建方案和目标等。

2．执行运作保证体系

主要功能：加强班组建设，健全规范化班组安全管理机制；实行规范化、标准化、程序化管理，提高运维工作质量；严格现场管理，强化安全纪律，有效治理习惯性违章；开展安全技术、业务技能培训，提高员工技术水平和防护能力。

3．技术管理保证体系

技术管理保证体系是重要组成。主要功能：加强技术监督和技术管理，应用、推广新的技术监测手段和装备；落实"安全技术和劳动保护措施计划"；改进和完善设备、人员防护措施。

4．设备管理保证体系

主要功能：加强设备管理，不断提高设备的安全稳定运行水平；加强设备缺陷管理，尽快消除隐患，提高设备完好率；落实"反事故措施计划"，保证设备安全运行；应用新技术、新设备、新工艺，提高设备装备水平。

5．规章制度保证体系

主要功能：建立和完善企业的各项规章制度，实行安全生产法制化管理；从严要求，从严考核，杜绝"有法不依、执法不严"；认真执行"四不放过"原则，用重锤敲响警钟，并做到警钟长鸣。

6．政治思想工作和职工教育保证系统

主要功能：领导干部安全思想、安全纪律教育和考核；党、工、团结合企业安全生产工作开展有针对性的竞赛活动和宣传活动；职业安全和职业健康监督、检查；员工爱岗敬业、职业道德教育和岗位技能培训。

第四节　安全生产监督体系

一、安全生产监督体系的定义

安全生产监督是一种运用国家权力，对生产企业和生产管理部门履行安全职责，执行有关安全生产法规、政策的情况，依法进行监察、纠正及惩罚的工作。电力安全监督是指电力安全监察部门和安全监察人员，依据国家法律及行业有关规定，对行业内部各企业或企业内部各生产管理和有关部门，贯彻国家、行业安全生产规定和生产安全情况进行的监督检查活动。电力行业和企业内部自上而下、各个层次的安全监察部门和人员，构成了电力行业和企业的安全监督体系。它具有双重职能：一方面是运用行政和上级赋予的职权，对电力生产和建设全过程的人身与设备的安全进行监察，这种监察职能具有一定的权威性、公正性和带有强制性的特征；另一方面，又作为安全管理的综合部门，协助领导抓好安全管理工作，开展各项安全活动，具有安全管理的职能。

二、安全生产监督体系的构成及主要功能

安全监督组织机构、安全监督网络、安全监督制度构成完整的安全生产监督体系。

安全生产监督体系的主要功能一是安全监督，二是安全管理。即运用行政赋予的职权，对电力生产和建设全过程的人身和设备安

全进行监督，并具有一定的权威性、公正性和带有强制性；协助领导做好安全管理工作，开展各项安全活动等。

电力企业安全监督部门的工作侧重点，应以安全管理为主，现场监督为辅，以不定期抽查为主要监督方式。部门安全员的工作侧重点，是监督一些工作量较大或工作条件较复杂的大修、基建、改造等工程，其他工程可采取不定期抽查的方法，以较多的精力从事安全管理工作。班组安全员应主要侧重于现场监督。

第二章
安全工作管理

安全工作管理是针对在安全生产过程中的安全问题，运用有效的资源，发挥各级管理人员的智慧，通过各级管理人员的努力，进行有关决策、计划、组织和控制等活动，实现生产过程中人与机器设备、物料环境的和谐，达到安全生产的目标。它包括风险管理、应急管理和事故调查。安全工作管理的实质是风险管理，风险管理和应急管理对于规避和化解安全风险具有重要的作用和意义；事故调查的最终目的也是安全生产，是风险管理的延伸，它是对风险管理、应急管理的检验，并起到优化和完善风险管理和应急管理的作用。三者的应用将使安全工作管理更科学、更全面、更规范、更有针对性，从而使企业的安全基础更加牢固。

第一节　风险管理

一、风险的定义

风险是指在某一特定环境下，在某一特定时间段内，某种损失发生的可能性。风险是由风险因素、风险事故和风险损失等要素组成。

风险因素是只能增加或发生损失率和损失幅度的损失要素；风险事故是指在风险管理中直接或间接造成损失的事故；风险损失在风险管理中指非故意的、非计划的和非预期的经济价值的减少，一般是以货币单位来衡量。风险因素能够增加风险事故或者导致风险事故的发生，风险事故引起损失，损失就导致了实际结果与预期结果的差异，形成风险。

二、风险管理的作用与意义

风险管理是现代企业管理中一项重要的管理方法，有着明显的适用性、可靠性和有效性，体现了安全管理方法的科学化，它全面系统地对风险进行安全分析和判断，从而以较少的投入取得较好的安全效果，使之达到预防或减少事故的目的。

1. 风险管理的作用

风险管理的主要作用是控制和处置风险，减少和避免损失，保证企业生产经营活动的顺利进行。风险管理的作用通常被分为两个部分：一部分是损失前的作用，另一部分是损失后的作用。损失前的管理目标是避免或减少损失的发生，损失后的管理目标是尽快恢复到损失前的状态。

2. 风险管理的意义

对企业来说，风险带来的灾害使企业的财富减少，市场份额降低，还有由于恐惧和不安导致员工生产效率下降。但是，企业风险管理不能仅仅消极地承担风险，而应以积极地防止、控制风险为主旨。所以，企业风险管理对企业经营和社会经济的长期稳定发展发挥着积极的作用。此外，虽然风险管理采取的各种方法需要一定的成本，但风险管理所避免的风险损失就是一种收益。所以，风险管理是企业利润的另一种形式的来源。风险管理的意义有以下几点：

（1）有利于实现社会资源分配的最佳组合。

（2）有利于企业和社会经济稳定与发展。

（3）有利于企业经营目标的实现。

（4）成功企业对风险管理的需求。

三、风险种类

为了有效地进行风险管理，应对各种风险进行分类，以便于对不同的风险采取不同的处置措施，实现风险管理目标的要求。对安全生产而言，主要发生的风险可划分为法律风险、责任风险、事故风险和其他风险。对法律风险的防范，将通过一定的机制、手段来发现和预防及应对不了解或违法所引发的风险，杜绝法律风险的发生；而对责任风险，除了组织体系和技术体系防范外还应从管理上界定职责，建立健全考核体系，紧抓规章制度学习、培训、规章制度落实入手，禁止和防范责任风险的发生。

按照国家安全生产事故风险的分类，生产事故可归类为物体打击（高处落物）、机械伤害（包括机械挤压、转动伤害、失稳）、起重伤害、淹溺、触电、灼烫、火灾、高处坠落、坍塌、透水、压力容器爆炸（异常泄压）、燃爆、中毒窒息、车辆伤害等，另外根据抽水蓄能生产特点，增加电网（电站）停电、设备失效、错走间隔风险、操作失误、误停/误跳、环境污染等风险。

四、风险处理

针对不同类型、不同规模、不同概率的风险，采取相应的处理方法，使风险损失对企业的安全生产活动影响降到最低程度，其处理过程为：风险识别、风险评估、风险计划、风险控制、风险跟踪、风险监控。

（一）风险识别

风险识别是风险管理的第一步，也是风险管理的基础，它是指在风险事故发生之前，运用各种方法系统地、连续地认识所面临的各种风险、分析风险事故发生的潜在原因及其潜在后果。

　　风险识别的主要任务就是用感知、判断或归类的方式对现实的和潜在的风险性质进行鉴别，从错综复杂环境中找出经济主体所面临的主要风险及其损失规律。

（二）风险评估

　　风险评估是指在风险事故发生之前或之后（但还没有结束），该事故给人们的生活、生命、财产等各个方面造成的影响和损失的可能性进行量化评估的工作。即，风险评估是量化测评某一事件或事物带来的影响或损失的可能程度。作为风险管理的基础，风险评估是组织确定安全需求的一个重要途径。

　　在风险评估过程中，要考虑以下五个方面的问题：

　　（1）识别评估对象面临的各种风险。

　　（2）评估风险概率和可能带来的负面影响。

　　（3）确定企业承受风险的能力。

　　（4）确定风险消减和控制的优先等级。

　　（5）推荐风险消减对策。

　　解决以上问题的过程，就是风险评估的过程。

　　风险是随时间而变化的，这就要求企业实施动态的风险评估，即企业要定期进行风险评估。一般而言，当出现以下情况时，应该重新进行风险评估：

　　（1）当企业新增设备资产时。

　　（2）当系统发生重大变动时。

　　（3）发生严重安全事故时。

　　（4）其他认为必要时。

（三）风险计划

风险计划是针对已识别的风险制定的一个风险应对方案，它是随着状况的变化而变化的。目的是保证安全生产，避免事故的发生。

风险计划主要包括以下几个部分：

（1）需要应对的风险清单。

（2）针对相关风险制定和采取预防的措施。

（3）风险发生后需要采取的措施。

（4）明确风险责任人和岗位职责。

（5）实施的措施预算、要求完成的时间。

（6）应急方案和要求实施方案的引发因素。

（7）要使用的退出计划，它作为对某个已经发生，并且原来的应对策略已被证明不当的风险的一种反应。

（8）对于特定的风险，如果它们发生了，为了规定各方的责任，可以准备用于保险、服务或其他相应事项的合同。

（四）风险控制

风险控制是指风险管理者采取各种措施和方法，消灭或减少风险事故发生的各种可能性，或者减少风险事故发生时造成的损失。

1. 选择安全控制措施

为了降低或消除被评估的风险，企业应识别和选择合适的安全控制措施。选择安全控制措施应该以风险评估的结果作为依据，判断与威胁相关的薄弱点，决定什么地方需要保护，采取何种保护手段。

安全控制措施选择的另外一个重要方面是费用因素。如果实施和维持这些控制措施的费用比该资产遭受威胁所造成的损失预期还要高，那么所建议的控制措施就是不合适的。

2．风险控制

根据控制措施的费用应当与风险相平衡的原则，企业对所选择的安全控制措施应该严格实施以及应用。

3．可接受风险

当企业根据风险评估的结构，完成实施所选择的控制措施后，会有残余的风险。残余风险可能是企业可以接受的风险，也可能是遗漏了某些资产，使其未受到保护。为确保企业的生产安全，残余风险应控制在可以接受的范围内。

在实施了安全控制措施后，企业应该对安全措施的实施情况进行评审，即对所选择的控制措施在多大程度上降低了风险做出判断。对于残留的仍然无法容忍的风险，应该重新选择安全控制措施。

（五）风险跟踪

风险跟踪是指对风险的发展情况进行跟踪观察，督促风险规避措施的实施，同时及时发现和处理尚未辨识到的风险。

风险跟踪的内容，主要包括已经辨识风险和其他突发风险的观察记录，对风险的发展状况进行记录和查询，便于及时地发现和解决问题。记录的内容主要包括：辨识人员、风险的区域、发展状态、是否采取规避措施、实施人员等。

风险跟踪过程包括监视风险状态以及发出通知启动风险应对行动。包括以下内容：

（1）风险状态监视：利用各种手段对风险变化情况进行监视。

（2）对启动风险进行及时通告：对要启动的风险及时告知，并采取措施安排人员进行处理。

（3）定期通报风险的情况：在定期的会议上通告相关人员目前的主要风险以及它们的状态。

（六）风险监控

风险监控是指在决策主体的运行过程中，对风险的发展与变化情况进行全程监督，及时发现新出现的以及随着时间推延而发生变化的风险，及时进行反馈，并根据影响程度，重新进行风险识别、评估与应对。其目的是：核对风险管理策略和措施的实际效果是否与预见的相同，改善和细化风险控制计划。

1. 风险监控的依据

（1）风险管理计划。

（2）风险应对计划。

（3）实际风险发展变化情况。

（4）可用于风险控制的资源。

2. 风险监控的目标

（1）及早识别风险。

（2）及时执行风险应对计划。

（3）积极消除风险事件的消极后果。

（4）充分吸取风险管理中的经验与教训。

3．风险监控的流程

（1）针对已识别的风险：

1）做风险应对计划并执行风险应对计划。

2）如已采取了积极地接受，则执行应急计划或风险储备。

以上措施如不能达到预期效果，则执行额外的风险应对规划。

（2）针对新风险：

1）当前风险已发生负面影响，则采取权变措施。

2）如风险尚未发生，则更新识别、分析、应对规划。

第二节　应急管理

一、应急管理的定义

应急管理是指应对、处置突发事件的管理理论和方法，它在社会生产和生活中发挥着重要的作用。安全事故应急管理就是在安全事故整个寿命周期内，对安全事故的抢救、调查、分析、研究、报告处理、统计、建档、制定预案和采取防范措施等一系列管理活动的总称。

二、应急管理组织体系及职责

为有效实施应急救援，企业要建立自上而下的应急管理组织体系，包括应急领导小组、应急办公室、专项应急指挥部、应急工作组和企业应急抢险队。

1．应急领导小组

应急领导小组全面领导本企业应急管理工作。组长由企业总经理担任，副组长由书记、副总经理、副书记、总工程师、工会主席担任，成员由副总工程师和各部门负责人担任。

应急领导小组职责：

（1）贯彻落实国家应急管理法律法规及规章制度。

（2）贯彻落实上级单位和地方政府应急管理规章制度及相关文件精神。

（3）接受上级单位应急指挥领导小组的应急决策、部署和指挥。

（4）接受地方政府应急指挥机构的指挥。

（5）负责建立和完善本企业应急管理体系和应急预案体系。

（6）负责本单位应急预案的审批，定期组织演练，对其进行评审和修订。

（7）负责接到相关专项事件报告时，确定应急响应等级，下达应急预案启动和终止命令，必要时授权应急指挥办公室成立公司级专项应急指挥部。

（8）负责直接指挥本企业重大安全生产事故应急处置工作。

（9）负责保障应急资金的投入和应急物资的储备。

2．应急办公室

应急领导小组下设应急办公室。应急办公室设在安全质量监察部门，负责企业应急日常归口管理。

应急办公室职责：

（1）负责接收上级单位和地方政府应急管理规章制度和预警信息，进行分析，上报应急领导小组，并根据应急领导小组的决定加以落实或发布警情。

（2）执行应急领导小组的决定，负责统一组织、协调、指导本企业范围内的日常应急管理工作。

（3）负责组织本企业应急预案编制、评审、修订和演练工作，督促、检查突发事件应急预案的执行情况。

（4）负责组织开展危险源辨识和风险评估，及时提出预警信息。

（5）负责对本企业范围内的应急处置事件进行信息收集、汇总、分析，得出初步结论，提请应急领导小组决策。

（6）掌握应急处理期间的进展情况，落实应急领导小组下达的指令，协调做好应急处理的各项工作，并及时向应急领导小组报告。

（7）当突发事件企业启动应急响应时，根据应急领导小组授权，负责组建企业级专项应急指挥部并确定指挥部负责人，及时与企业级专项应急指挥部沟通信息，协调组织本企业范围内相关力量全力应对处置。

1）负责同政府有关部门及上级主管单位的联系和汇报。

2）负责通报和发布应急事件及其处理情况。

3）承办应急领导小组交办的其他应急事项。

3．专项应急指挥部

专项应急指挥部对突发应急事件全过程处理的指挥和协调。

专项应急指挥部职责：

（1）根据企业应急领导小组授权，由应急办公室根据突发事件的具体情况负责组建的企业专项应急指挥部。应急状态响应期间，有权统一调度企业各应急工作组和应急抢险队。

（2）迅速行使对现场突发应急事件全过程处理的指挥和协调职能，接受企业级专项应急指挥部的指挥和指导，并对企业应急领导小组负责。

（3）及时与应急办公室联系，反馈现场突发事件的处理情况，便于企业统一协调行动。

4. 应急工作组

应急工作组包括：

（1）事故处置工作组。事故处置工作组由企业生产技术部门负责人担任组长，其他相关部门人员配合，其职责为：

1）接受企业应急办公室或专项应急指挥部的指令，及时赶赴现场，采取临时措施防止事态扩大。

2）分析突发事件的原因，制订事故抢修方案。

3）负责现场抢险、抢修工作的组织、协调工作。

4）负责组织抢修人员、落实抢修器材和设备，实施事故抢修。

5）及时向企业应急办公室或专项应急指挥部汇报抢险、抢修工作进展情况。

（2）事故调查工作组。事故调查工作组设在企业安全质量监察部门，其他相关部门配合，其职责为：

1）接受企业应急办公室或专项应急指挥部的指令，负责事故处理的监督和调查工作。

2）按照《电力生产事故调查规定》要求，负责对事故现场进行照相、录像、绘制草图、收集资料，并做好标识妥善保管。

3）负责向事故发生部门及有关人员了解事故的有关情况，及时收集原始资料，并整理出进行事故分析所必需的各种资料和数据。

4）负责查清事故原因、事故性质和责任，总结经验教训，提出防范和整改措施和对事故责任者处理意见。

5）负责及时向企业应急办公室或专项应急指挥部汇报有关突发事件调查进展情况。

（3）救护及善后工作组。救护及善后工作组设在工会，工会负责人担任组长，成员由工会和行政办公室人员组成。其职责为：

1）在接到事故预案启动命令后，负责立即联系社会医疗救护机构进入事故现场开展救护工作。

2）在应急响应期间，负责在安全区域内设立临时医疗救护点，配合社会医疗救护机构开展工作。

3）在应急状态结束后，负责组织善后工作。

4）负责及时向企业应急办公室或专项应急指挥部汇报有关救助和善后工作的进展情况。

5. 企业应急抢险队

企业应急抢险队由企业兼职应急抢险队员和保安人员组成。

企业应急抢险队职责：在应急响应期间，赶赴事发现场，听从企业专项应急指挥部指挥，协助各工作组开展应急抢险工作。

三、预警管理

随着科学技术的突飞猛进，使人类在社会生产活动中可以更加方便、快捷、有效地进行监测与控制；同时通过预警管理，采用科学的管理方法与手段，使管理者能够及时评估、预测生产过程中可能遇到的风险，根据评估、预测结果，采取积极有效的措施，通过有组织的管理活动，规避可能遇到的各种突发事故或减小事故所带来的损失。

（一）预警管理的含义

作为管理者必须能够预测危机、事故可能发生的趋势、时间、范围等，并通过对危机、事故的评估，预估可能带来的风险与损失，提前发出警报，使生产单位能及时采取有效防范措施，为应对事故风险做好准备。

（二）预警的分级和发布

1. 预警的分级

根据《国家突发公共事件总体应急预案》，生产安全事故的预警分为四级，即特别重大（Ⅰ级）、特大（Ⅱ级）、重大（Ⅲ级）、较大（Ⅳ级），依次用红色、橙色、黄色、蓝色表示。根据事态的发展情况和采取措施的效果，预警级别可以升级、降级或解除。

对可以预警的突发事件，可以根据总体预案预警分级标准进行预警分级和信息发布。比如环境突发事件应急，按照突发事件严重性、紧急程度和可能波及的范围，把突发环境事件的预警分为四级。但是并不是所有的突发事件都可以进行预警分级的。比如地震灾害。因此，企业在应对突发事件做出预警与通知时应根据突发事件种类进行通报，使事故应急救援得以快速、有效地进行。

2. 预警的发布

预警信息包括突发公共事件的类别、预警级别、起始时间、可能影响的范围、警示事项、应采取的措施和发布机关等。

为了使更多的人"接受"到预警信息，从而能够及早做好相关的应对、准备工作，预警信息的发布、调整和解除可以通过广播、电视、报刊、通信、信息网络、警报器、宣传车或组织人员逐户通知等方式进行，对老、幼、病、残、孕等特殊人群以及学校等特殊场所和警报盲区应当采取有效针对性的公告方式。

四、事故预防

事故是由事故隐患转化而成，事故隐患是伴随着生产、生活等社会活动过程而出现的一种潜在危险，是导致事故发生的两个最主要因素合体，即物资危险状态和管理缺陷共同存在的一种状态。与事故后的处理不同，事故预防是事前的防范，是对事故隐患的发现和排除。

事故预防的基本原则：

（1）事故可以预防的原则。

（2）消除各种危险、危害因素的原则。

（3）综合治理的原则。

（4）以人为本的原则。

（5）在危害因素无法彻底消除时，采用以较低危害代替较高危害的原则。

（6）在危害因素无法彻底消除时，采用尽量降低危害程度的原则。

（7）持续改进的原则。

（一）人为事故的预防

人为事故的预防和控制，是在研究人与事故的联系及其运动规律的基础上认识到人的不安全行为是导致或构成事故的要素。因此，要有效预防、控制人为事故的发生，依据人的安全与管理的需求，运用人为事故规律和预防、控制事故原理联系实际而产生的一种对生产事故进行超前预防、控制的发生。

控制人为事故要从以下两个方面入手：

1. 强化人的安全行为，预防事故的发生

强化人的安全行为，预防事故发生，是指通过开展安全教育提高人们的安全意识，使其产生安全行为，做到自我预防事故的发生。主要应抓住两个环节：一要开展好安全教育，提高人们预防、控制事故的自为能力；二要抓好人为事故的自我预防。

2. 改变人的异常行为，控制事故发生

要改变人的异常行为，控制事故发生，主要有五种方法：

（1）自我控制。是指在认识到人的异常意识具有产生异常行为、导致人为事故的规律之后，为了保证自身，在生产实践中的自我改变异常行为，控制事故的发生。

（2）跟踪控制。是指运用事故预测法对已知具有产生异常行为因素的人员做好转化和行为控制工作。

（3）安全监护。是指对从事危险性较大生产活动的人员指定专人对其生产行为进行安全提醒和安全监督。

（4）安全检查。是指运用人自身技能，对从事生产实践活动人员的行为进行各种不同形式的安全检查，从而发现并改变人的异常行为，控制人为事故的发生。

（5）技术控制。是指运用安全技术手段控制人的异常行为。

（二）设备因素导致事故的预防

在生产实践中，设备是决定生产效能的物质技术基础，没有生产设备特别是现代生产设备是无法进行生产的。同时设备的异常状态又是导致与构成事故的重要物资因素。因此，要想超前预防、控制设备事故的发生，必须做好设备的预防性安全管理，强化设备的安全运行，改变设备的异常状态，使之达到安全运行要求，才能有效预防、控制事故的发生。

设备导致事故的预防和控制要点包括：

（1）根据生产需要和质量标准，做好设备的选购、验收和安装调试工作，使投产设备达到安全技术要求。

（2）开展安全宣传教育和技术培训，提高人的安全技术素质，为设备安全运行提供人的安全技术素质保证。

（3）为设备安全运行创造良好的条件。

（4）按设备的技术规范和出厂要求等定期做好设备的检查、试验及维护工作，保证设备安全可靠运行。

（5）根据实际需要，应计划、有重点的对老旧设备进行更新、改造。

（6）建立设备管理台账，做好设备事故调查、分析工作，制定设备安全运行的安全技术措施。

（7）建立、建全设备检修、运行规程和管理制度。

（三）环境因素导致事故的预防

环境是以其中物质的异常状态与生产相结合而导致事故发生的，是生产实践与环境的异常结合，违反了生产规律，从而产生的异常运动，是导致事故的普遍表现形式。

环境导致事故的预防工作主要有以下四个方面：

（1）运用安全法制手段加强环境管理，预防事故的发生。

（2）治理尘、毒危害，预防、控制职业病发生。

（3）应用劳动保护用品，预防、控制环境导致事故的危害。

（4）运用安全检查手段改变异常环境，控制事故发生。

（四）时间因素导致事故的预防

时间导致事故的规律，是指生产实践与时间的异常结合，违反了生产规律而产生的异常运动，也是导致事故的普遍表现形式。

时间因素导致事故的预防措施包括：

（1）正确运用时间，预防事故发生。

（2）改变与掌握异常劳动时间，控制事故的发生。异常劳动时间是指在生产过程中由于时间变化而具有导致事故因素的非正常生产时间。

五、应急教育、培训和演习

（一）应急教育与培训

1. 应急教育与培训的目的和工作原则

（1）应急教育与培训的目的。

企业应采取不同方式开展安全生产应急管理知识和应急预案的宣传教育和培训工作，其目的主要有六个方面：

1）应急教育与培训工作是增强企业危机意识和责任意识、提高事故防范能力的重要途径。

2）应急教育与培训工作是提高应急救援人员和企业职工应急能力的重要措施。

3）应急教育与培训工作是确保安全生产事故应急预案贯彻实施的重要手段。

4）应急教育与培训工作是确保所有从业人员具备基本的应急技能，熟悉企业应急预案，掌握本岗位事故防范措施和应急处置程序的重要方法。

5）应急教育与培训工作能够使应急预案相关职能部门及人员提高危机意识和责任意识，明确应急工作程序，提高应急处置和协调能力。

6）应急教育与培训工作能使社会大众了解应急预案的有关内容，掌握基本的事故预防、避险、避灾、自救、互救等应急知识，提高安全意识和应急能力。

（2）应急教育与培训的工作原则。

应急教育与培训工作的工作原则是将安全生产应急教育与培训

工作，纳入安全监督培训工作总体规划部署，有计划、分步骤地实施，并遵循以下工作原则：

1）统一规划、合理安排。

2）分级实施、分类指导。

3）联系实际、学以致用。

4）整合资源、创新方式。

5）规范管理、提高质量。

2. 应急教育与培训的内容

应急教育与培训的基本任务是锻炼和提高队伍在突发事故情况下的快速抢险、及时营救伤员、正确指导和帮助群众防护或撤离、有效消除危害后果、开展现场急救和伤员转送等应急救援技能和应急反应综合素质，有效降低事故危害，减少事故损失。

应急教育与培训主要内容包括对参与行动所有相关人员进行的最低程度的应急教育与培训，要应急人员了解和掌握如何识别危险、如何采取必要的应急措施、如何启动紧急情况警报系统、如何安全疏散人群等基本操作。应急教育与培训内容中应加强针对火灾应急的教育与培训以及危险物质事故应急的教育与培训，因为火灾和危险品事故是易发并常见的事故类型，因此，在应急教育与培训工作中要加强与灭火操作有关的训练，强调危险物质事故的不同应急水平和注意事项等内容。

3. 应急教育与培训的实施

应急预案编制完成以后，要使其在应急行动中得到有效地运用，充分发挥它的指导作用，还必须对应急人员进行一定得教育、培训和宣传。

（1）制定应急教育与培训计划。针对不同的教育与培训对象，并根据应急教育与培训目标，制定相应的应急教育与培训计划。

（2）应急教育与培训实施。教育与培训者按照制定的教育与培训计划，合理安排时间，以不同方式开展安全生产应急教育与培训工作，使受教育与培训者能够掌握有关应急知识。

（3）应急教育与培训效果评价和改进。应急教育与培训完成后，应尽可能地进行考核，以便对教育与培训效果进行评价，确保达到预期的教育与培训目的。同时通过与培训人员的交流，及时发现存在的一些问题，及时进行总结，采取措施避免此类问题在以后的工作中再次发生。

（二）应急演习

1. 应急演习的目的和要求

（1）应急演习的目的。

应急演习目的是通过培训、评估、改进等手段提高保护人民群众生命财产安全和环境的综合应急能力，说明应急预案的各部分或整体是否能有效地付诸实施，验证应急预案实施时可能出现的各种紧急情况的适应性，找出应急准备工作中可能需要改善的地方，确保建立和保持可靠地通信渠道及应急人员的协同性，确保所有应急组织都熟悉并能够履行他们的职责，找出需要改善的潜在问题。

（2）应急演习的要求。

应急演习类型多样，不同类型的应急演习虽有不同特点，但在策划演习内容、演习情景、演习评价等方面的共同性要求有：

1）应急演习必须遵守相关法律法规、标准和应急预案规定。

2）领导重视、科学计划。

3）结合实际、突出重点。

4）周密组织、统一指挥。

5）由浅入深、分步实施。

6）讲究实效、注重质量。

2. 应急演习的目标和任务

（1）应急演习的目标。

应急演习的目标是指检查演习效果，评价应急组织、人员应急准备状态和能力的指标。主要包括：应急动员、指挥和控制、事态评估、资源管理、通信、应急设施装备和信息显示、警报与紧急公告、公共信息、公众保护措施、应急响应人员安全、交通管制、人员登记隔离与去污、人员安置、紧急医疗服务、24小时不间断应急、增援、事故控制与现场恢复、文件化与调查这18项演习目标。

（2）应急演习的任务。

开展应急演习过程可划分为演习准备、演习实施和演习总结三个阶段。应急演习是由多个组织共同参与的一系列行为和活动，按照演习三个阶段的划分，可以将演习细分成10项单独的基本任务：

1）确定演习日期、演习目标和范围。

2）编写演习方案，制定演习规则。

3）确定评价人员，熟悉演习方案。

4）安排后勤工作，做好演习准备。

5）安排演习人员，实施应急演习。

6）记录演习表现，汇总形成报告。

7）举行演习总结会，进行演习表现评价。

8）编写演习总结报告。

9）评价和报告演习不足项补救措施。

10）追踪整改项的改进和实施情况。

3．应急演习的分类

（1）根据应急演习规模的分类。

1）单项演习。这是为了熟练应急操作或完成某种特定任务所需技能而进行的演习。

2）组合演习。这是为了检查或提高应急组织之间及其与外部组织之间的相互协调性而进行的演习。

3）综合演习。这是应急预案内规定的所有任务单位或是其中绝大多数单位参加的为全面检查预案可执行性而进行的演习。

（2）根据应急演习形式的分类。

1）桌面演习。是指由应急组织的代表或关键岗位人员参加的，按照应急预案及其标准运作程序，讨论紧急事件时应采取行动的演习活动。

2）功能演习。是指针对某项应急响应功能或其中某些应急响应活动举行的演习活动。

3）全面演习。是指针对应急预案中全部或大部分应急功能，校验、评价应急组织应急运行能力的演习活动。

4．应急演习的实施

应急演习实施阶段是指从宣布初始事件起到演习结束的整个过程。

演习过程中参演应急组织和人员应尽可能按实际紧急事件发生时的响应要求进行演示，由参演应急组织和人员根据自己关于最佳解决办法的理解，对情景事件做出响应行动。

应急演习结束后，应进行演习总结会议，对应急演习进行总结和评价。演习评价的目的是确定演习是否达到演习目标要求，检验各级应急组织指挥人员及应急响应人员完成任务的能力，发现应急救援体系、应急预案、应急执行程序或应急组织中存在的问题。最后对演习总结情况进行汇总并形成演习报告。

应急总结与评价结束后，应安排人员进行分析和研究演习过程中发现的问题的根本原因，提出整改方法、措施和完成时间，并指定专人负责对演习过程中发现的不足和需要整改的地方实施追踪，监督检查整改措施进展情况。

六、应急响应

事故应急救援工作是在预防为主的情况下，贯彻"统一指挥、分级负责、区域为主、单位自救和社会救援相结合"的原则。除了平时做好预防工作，还要落实好救援工作的各项准备措施，确保一旦发生事故时能及时响应。由于重大事故发生具有突然性，发生后的迅速扩散性以及波及范围广的特点，因此决定了应急响应行动必须迅速、准确、有序和有效。

应急响应的基本任务主要为：

（1）控制危险源。

（2）抢救受害人员。

（3）指导群众防护，组织群众撤离。

（4）清理现场，消除危害后果。

除此之外，应急响应过程还应了解事故发生的原因和性质，准确估算事故影响范围和危险程度，查明人员伤亡情况，为开展事故调查奠定基础。

（一）应急响应分级及响应原则

应急救援系统根据紧急事件的性质、严重程度、事态发展趋势实行分级响应机制，针对不同的响应级别确定响应的紧急事件通报范围、应急机构启动程度、应急力量的出动和设备及物资的调集规模、疏散范围以及应急总指挥的职位。

根据突发公共事件的等级、影响的范围、严重程度和事发地的应急能力所划定的应急响应等级，应急响应分为一级响应、二级响应、三级响应、四级响应，与突发事件等级相对应。

（二）应急响应程序

安全生产事故应急工作是一个复杂的系统工程，每一个环节可能需要牵涉方方面面的部门和救援力量。各相关部门按职责分工承担相应的应急功能。

应急响应的主要环节和工作程序是：接报、判断响应级别、报告、预警、启动应急预案、成立应急指挥部、应急处置、应急恢复、应急结束。

1. 接报

接报是指接到执行救援的指示或要求救援的请求报告。接报是救援工作的第一步，准确了解事故的性质和规模等初始信息，是决定启动应急救援的关键，对成功实施救援起到重要的作用。

2. 判断响应级别

接到事故报警后，按照工作程序对警情做出判断，初步确定响应级别。如果事故不足以启动应急救援体系的最低响应级别，则响应关闭。

3. 报告

根据应急的类型和严重程度，企业应急总指挥或企业有关人员必须按照法律法规和标准的规定将事故有关情况上报政府安全生产主管部门。

4. 预警

当事故可能影响到企业内其他人员甚至周边企业或居民社区时，应及时启动预警系统，向公众发出警报，同时通过各种途径向公众发出紧急公告，告知事故性质、对健康的影响、自我保护措施、注意事项等，以保证公众能够及时做出自我保护措施。决定实施疏散时，应通过紧急公告确保公众及时了解疏散的有关信息，如疏散事件、疏散路线、目的地等。

5. 启动应急预案

应急响应级别确定后，按所规定的响应级别启动应急程序，根据事故的严重程度、影响范围，启动应急预案。

6. 成立应急指挥部

事故发生后，各救援队伍进入事故现场，选择合适地点设置现场救援指挥部。应急指挥部负责组织指挥各级人员开展应急处置工作，组织专家对安全事故应急处置工作提供技术和决策支持，负责确定向公众发布事件信息的时间和内容，负责事件终止认定及宣布事件影响解除。

7．应急处置

（1）应急处置原则。

企业运行生产安全事故应急响应的主体就是事故现场的应急处置与救援。对于应急处置，要遵循以下原则：

1）安全第一、以人为本的原则。

2）早起预警原则。

3）快速响应原则。

4）统一指挥、协调一致原则。

5）属地为主、资源共享原则。

6）控制局面、防止危机原则。

7）人员疏散原则。

8）保护现场原则。

9）保护应急人员安全的原则。

（2）应急处置的基本方法。

在事故现场处置过程中，需要做出一系列的应急安排，其目的是防止事故的进一步蔓延扩大，使人员伤亡和财产损失降到最低程度。但由于事故发生的时间、环境和地点不同，其现场所需要的控制手段及应急资源也不相同。这些差别决定了在不同的事故现场应该采取不同的控制方法。一般方法可分为以下几种：

1）警戒线控制法。

2）区域控制法。

3）遮盖控制法。

4）以物围圈控制法。

5）定位控制法。

（3）应急处置程序。

1）现场评估。

任何处置工作的开展都必须以对现场形式的准确评估为前提，快速反应的原则并不是单纯强调快，而是要保证处置工作的高效率。因此，为了有效地进行现场控制，事故的应急处置人员到达现场后应当及时获取现场准确的信息，对所发生的事故进行及时准确的认识与把握。现场应当获取的信息有：①评估事故的性质；②现场潜在危害的监测；③现场情景与所需的应急资源；④人员伤亡的情况评估；⑤经济损失的估计与可能造成的社会影响；⑥周围环境与条件的评估。

2）现场应急处置过程。

现场处置需要根据事故的类型、特点和规模做出紧急安排。尽管不同的事故所需的安排不同，但大多数事故的现场处置都应包括：①设置警戒线；②应急反应人力资源组织与协调；③应急物资设备的调集；④人员安全疏散；⑤现场交通管制；⑥现场治安秩序维护；⑦对信息和新闻媒介的现场管理。

8. 应急恢复

应急恢复是指事故影响得到初步控制后，为使生产、工作、生活、社会秩序和生态环境尽快恢复到正常状态而采取的措施和行动。

（1）应急恢复的管理。

由于企业某区域受破坏，生产可能不会立即恢复到正常状况；可能某些岗位缺少某些重要人员，导致其不能投入恢复行动。此时，需要管理层专门组建一个工作组来执行恢复工作。工作组的主要工作有：

1）现场警戒和安全。

2）员工救助。

3）损失状况评估。

4）事故工艺数据的收集。

5）现场恢复与事故调查。

6）法律。

7）保险。

8）公共信息和联络。

9）商业关系。

9. 应急结束

（1）应急结束的条件。

符合下列条件之一的，即满足应急结束条件：

1）事故现场得到控制，事件发展条件已经消除，紧急情况解除。

2）危险源的泄漏或释放已降至规定限制以内。

3）事件所造成的危害已经被彻底消除，无继发可能。

4）事故现场的各种专业应急处置行动已无继续的必要。

5）采取了必要的防护措施以保护公众免受再次危害，并使事件可能引起的中长期影响趋于合理且保持在尽量低的水平。

（2）应急救援结束程序。

1）现场应急指挥部确认终止时机，或由事故责任单位提出，经现场应急指挥部批准，确定事故应急救援工作结束。

2）现场应急指挥部向所属各专业应急救援队伍下达应急终止令，通知本单位相关部门、周边社区及人员事故危险已解除。

3）应急状态终止后，应根据有关指示和实际情况，继续进行环境监测和评价工作。

（3）应急结束后的工作。

1）突发性事故应急处理工作结束后，应组织相关部门认真总结、分析、吸取事故教训，及时进行整改。

2）组织各专业组对应急计划和实施程序的有效性、应急装备的可行性、应急人员的素质和反应速度等做出评价，并提出对应急预案的修改意见。

3）参加应急行动的部门负责组织、指导各类应急队伍维护、保养应急仪器设备，使之始终保持良好的技术状态。

七、国网新源控股有限公司应急预案体系

应急预案体系建设是国网新源控股有限公司（以下简称新源公司）应急工作的基础，依据《国家电网公司应急预案体系框架方案》和《国家电网公司应急管理工作规定》，结合新源公司实际情况，制定新源公司应急预案体系，该体系框架及内容如下：

（一）新源公司应急预案体系各层面预案设置原则

1. 新源公司应急预案体系预案分三级设置

新源公司应急预案体系的结构与国家电网公司保持一致，按照总体预案、专项预案、现场处置方案三级设置。新源公司本部层面设总体预案、专项预案，电站层面设总体预案、专项预案、现场处置方案。

总体应急预案是组织管理、指挥协调突发事件处置工作的指导原则和程序规范，是应对各类突发事件的综合性文件；专项应急预案是针对具体的突发事件、危险源和应急保障制定的计划或方案；现场处置方案是针对特定的场所、设备设施、岗位，在详细分析现场风险和危险源的基础上，针对典型的突发事件，制定的处置措施和主要流程。

2. 新源公司应急预案体系总体预案设置

新源公司应急体系作为国家电网公司应急体系的一部分，按照国家电网公司应急预案框架体系设置总体预案，对新源公司应急组织机构及职责、预案体系的构成及相应程序、事故预防及应急保障、事件分类分级、应急培训及预案演练等，做出详细、明确的规定。公司所属各单位均设置一个总体预案，并与公司总体预案保持衔接。

3. 新源公司应急预案体系专项预案设置

在公司本部层面，对应国家电网公司与水电有关的14项专项预案，共设置18项专项预案，在电站设置21项专项预案。

4. 新源公司应急预案体系现场处置方案设置

应急预案体系现场处置方案分为基本处置方案和特殊处置方案，基本处置方案的名称目录由国家电网公司统一制定下发，各基层单位编制发布。特殊处置方案由各基层单位根据自身实际编制，并向本单位应急管理部门备案。在国家电网公司发布基本处置方案目录以前，公司要求各单位按"电站专项应急预案、现场处置方案目录及处置内容"提出的目录进行编制，当国家电网发布应急处置方案时再进行调整。根据本单位特殊情况，可以增减。

5. 公司各级职能部门预案的性质

公司本部及各单位各职能部门可根据预案体系、职责权限制定部门预案，部门预案属处置方案，要向本单位应急管理部门备案。

|||||||||||||| 第三节　事故调查 ||||||||||||||

一、事故的定义及分类

事故是发生在人们的生产、生活活动中的意外事件。事故这种意外事件除了影响人们的生产、生活活动顺利进行之外，还可能造成人员伤害、财物损失或环境污染等其他形式的严重后果。

根据《生产安全事故报告和调查处理条例》，生产安全事故按造成的人员伤亡或者直接经济损失分为以下等级：

（1）特别重大事故，是指造成30人以上（包括本数，下同）死亡，或者100人以上重伤（包括急性工业中毒，下同），或者1亿元以上直接经济损失的事故；

（2）重大事故，是指造成10人以上30人以下（不包括本数，下同）死亡，或者50人以上100人以下重伤，或者5000万元以上1亿元以下直接经济损失的事故；

（3）较大事故，是指造成3人以上10人以下死亡，或者10人以上50人以下重伤，或者1000万元以上5000万元以下直接经济损失的事故；

（4）一般事故，是指造成3人以下死亡，或者10人以下重伤，或者1000万元以下直接经济损失的事故。

二、事故调查原则

事故调查处理是一项复杂的工作，涉及方方面面的关系，同时又具有很强的科学性和技术性。要做好事故调查处理工作，必须要有正确的原则作为指导。

1. 实事求是的原则

（1）必须全面、彻底查清生产安全事故的原因，不得夸大事故事实或缩小事实，不得弄虚作假；

（2）一定要从实际出发，在查明事故原因的基础上明确事故责任；

（3）提出处理意见要实事求是，不得从主观出发，不能感情用事，要根据事故责任划分，按照法律、法规和国家有关规定对事故责任人提出处理意见；

（4）总结事故教训、落实事故整改措施要实事求是，总结教训要准确、全面，落实整改措施要坚决、彻底。

2. 四不放过原则

必须做到"四不放过"原则，即事故原因分析不清楚不放过，事故责任者没有受到处理不放过，整改措施不落实不放过，有关责任人和群众没有受到教育不放过。

3．尊重科学的原则

尊重科学，是事故调查处理工作的客观规律。生产安全事故的调查处理工作具有很强的科学性和技术性，特别是事故原因的调查，往往需要做很多技术上的分析和研究，利用多种技术手段。尊重科学，一是要有科学的态度，不主观臆想，不轻易下结论，防止个人意识主导，杜绝心理偏好，努力做到客观、公正；二是要特别注意充分发挥专家和技术人员的作用，把对事故原因的查明，事故责任的分析、认定建立在科学的基础上。

三、事故报告

事故报告应当及时、准确、完整，任何单位和个人对事故不得迟报、漏报、谎报或者瞒报。单位和个人不得阻挠和干涉对事故的报告和依法调查处理。事故发生后，及时、准确、完整地报告事故，对于及时、有效地组织事故救援，减少事故损失，顺利开展事故调查具有非常重要的意义。

1. 事故报告的基本内容

（1）事故发生单位的概况。

（2）事故发生的时间、地点以及事故现场情况。

（3）事故的简要经过。

（4）事故已经造成或者可能造成的伤亡人数（包括下落不明的人数）和初步估计的直接经济损失。

（5）已经采取的措施。

（6）其他应当报告的情况。

（7）事故发生后的补报。

2. 事故报告时限

《生产安全事故报告和调查处理条例》第九条规定：事故发生后，事故现场有关人员应当立即向本单位负责人报告；单位负责人接到报告后，应当于1小时内向事故发生地县级以上人民政府安全生产监督管理部门和负有安全生产监督管理职责的有关部门报告。

情况紧急时，事故现场有关人员可以直接向事故发生地县级以上人民政府安全生产监督管理部门和负有安全生产监督管理职责的有关部门报告。

《生产安全事故报告和调查处理条例》第十条规定：安全生产监督管理部门和负有安全生产监督管理职责的有关部门接到事故报

告后，应当依照下列规定上报事故情况，并通知公安机关、劳动保障行政部门、工会和人民检察院。

（1）特别重大事故、重大事故逐级上报至国务院安全生产监督管理部门和负有安全生产监督管理职责的有关部门；

（2）较大事故逐级上报至省、自治区、直辖市人民政府安全生产监督管理部门和负有安全生产监督管理职责的有关部门；

（3）一般事故上报至设区的市级人民政府安全生产监督管理部门和负有安全生产监督管理职责的有关部门。

安全生产监督管理部门和负有安全生产监督管理职责的有关部门依照前款规定上报事故情况，应当同时报告本级人民政府。国务院安全生产监督管理部门和负有安全生产监督管理职责的有关部门以及省级人民政府接到发生特别重大事故、重大事故的报告后，应当立即报告国务院。

必要时，安全生产监督管理部门和负有安全生产监督管理职责的有关部门可以越级上报事故情况。

《生产安全事故报告和调查处理条例》第十一条规定：安全生产监督管理部门和负有安全生产监督管理职责的有关部门逐级上报事故情况，每级上报的时间不得超过2小时。

四、事故调查处理

事故调查处理的主要任务是：揭示伤亡事故的事实真相及发生经过，为事故分析提供依据；找到伤亡事故发生的原因、经过，确定其规模、性质和类别；正确处理伤亡事故引起的纠纷提供依据；

拟订安全措施，预防同类事故再次发生，消除隐患；安全管理部门建立或修正安全管理法规、标准提供依据。

事故的调查处理都有一定的程序，其基本程序主要包括：事故通报、成立事故调查组、事故现场调查、分析事故原因、确定事故责任、整改措施的提出与落实、处罚与工伤赔偿。

（一）事故通报

在事故发生后，要由安全事故应急管理指挥部门发出事故通报，并责令进行事故调查。

（二）成立事故调查组

要根据应急预案的要求，根据事故的级别组成相应的事故调查组。事故调查组是事故调查分析的专门机构，是事故调查的组织保证。

事故调查组的职责：

事故调查组依法享有事故调查权，责任重大，其职责必须明确具体。《生产安全事故报告和调查处理条例》第二十五条规定的五项法定职责，是事故调查开展工作的主要法律依据：

（1）查明事故发生的经过、原因、人员伤亡情况及直接经济损失。

（2）认定事故的性质和事故责任。

（3）提出对事故责任者的处理建议。

（4）总结事故教训，提出防范和整改措施。

（5）提交事故调查报告。

（三）事故现场调查

事故现场的调查主要包括事故现场保护、事故现场的处理和勘查、事故证据的收集整理三部分。

1. 事故现场保护

事故调查组的首要任务是进行事故现场的保护，因为事故现场的各种证据是判断事故原因以及确定事故责任的重要物质条件，需要尽最大可能给予保护。保护事故现场应该从以下几个方面开展工作：

（1）现场的保护。

事故发生后，有关单位和人员应当妥善保护事故现场以及相关证据，任何人不得破坏事故现场、毁灭相关证据。

（2）现场物件的保护。

在采取相应措施的前提下，因抢救人员、防止事故扩大以及疏通交通等原因，需要移动事故现场物件的，应当做出标记，绘制现场简图并做出书面记录，妥善保护现场的重要痕迹、物证。

（3）事故犯罪嫌疑人的控制。

事故发生地公安机关根据事故的情况，对涉嫌犯罪的，应当依法立案侦查，采取强制措施控制犯罪嫌疑人。犯罪嫌疑人逃匿的，公安机关应当迅速追捕归案。

2. 事故现场的处理和勘查

（1）事故现场处理。

当调查组进入现场或做模拟试验需要移动某些物体时，必须做好现场的标志，同时要进行照相或摄像，将可能被清除或践踏的痕迹记录下来，以保证现场勘查能获得完整的事故信息内容。

（2）现场勘查。

对损坏的物体、部件、碎片、残留物、致害物的位置等，均应贴上标签，注明时间、地点、管理者；所有物件应保持原样，不准冲洗擦拭；对健康有害的物品，应采取不损坏原始证据的安全保护措施。

（3）事故现场拍照或摄影。

（4）事故图绘制。

根据事故的类别和规模以及调查工作的需要，绘出事故调查分析所必须了解的信息示意图。

3．事故证据的收集整理

（1）证人材料收集。

尽快收集证人口述材料，然后认真考证其真实性，听取单位领导和群众意见。

（2）事故事实材料收集。

1）与事故鉴别、记录有关的材料。

2）事故发生的有关事实材料。

（四）分析事故原因

事故原因的调查分析包括事故直接原因和间接原因的调查分析。调查分析事故发生的直接原因就是分别对人和物的因素进行深入、细致地追踪，弄清在人和物方面所有的事故因素。明确它们的相互关系和所占的重要程度，从中确定事故发生的直接原因。

事故间接原因的调查就是调查分析导致人的不安全行为、物的不安全状态，以及人、物、环境的失调得以产生的原因，弄清为什么存在不安全行为和不安全状态，为什么没能在事故发生前采取措施，预防事故的发生。

（五）确定事故责任

查找事故原因的目的是确定事故责任。事故调查分析不仅要明确事故的原因，更重要的是要确定事故责任，落实防范措施，确保不再出现同类事故发生。

1. 事故性质

事故性质分为责任事故、非责任事故和人为破坏事故。

（1）责任事故，是指由于工作不到位导致的事故，是一种可以预防的事故。责任事故需要处理相应的责任人。

（2）非责任事故，是指由于一些不可抗拒的力量而导致的事故。

（3）人为破坏事故，是指有人预先恶意地对机器设备以及其他因素进行调整，导致其他人在不知情的状况下发生了事故。

2. 事故责任人

事故责任人主要包括直接责任人、领导责任人和间接责任人三种。

（1）直接责任人，是指由于当事人与重大事故及其损失有直接因果关系，是对事故发生以及导致一系列后果起决定性作用的人员。

（2）领导责任人，是指当事人的行为虽然没有直接导致事故的发生，但由于其领导监管不力而导致事故所应承担的责任。

（3）间接责任人，是指当事人与事故的发生具有间接的关系，需要承担相应的责任。

3．事故责任的确定

事故责任的确定是整个事故调查分析中最难的环节，因为责任确定的过程就是将事故原因分解给不同人员的过程。事故调查组要公正地对待所有涉及事故的人员，公平、公正、科学、合理地确定相应的责任。

（1）凡因下述原因造成事故，应首先追究领导者的责任：

1）没有按规定对工人进行安全教育和技术培训，或工人未经考试合格就上岗操作的。

2）缺乏安全技术操作规程或制度与规程不健全的。

3）设备严重失修或超负荷运转。

4）安全措施、安全信号、安全标志、安全用具、个人防护用品缺乏或有缺陷的。

5）对曾经发生过事故熟视无睹，不认真采取措施或挪用安全技术措施经费，致使重复发生同类事故。

6）对现场安全生产工作缺乏检查、监督不力或指挥、指导有误的。

（2）凡因下述原因造成事故，应追究肇事者和有关人员的责任：

1）违章指挥或违章作业、冒险作业的。

2）违反安全生产责任制，违反劳动纪律、玩忽职守的。

3）擅自开动机器设备，擅自更改、拆除、毁坏、挪用安全装置和设备的。

（六）整改措施的提出与落实

事故调查的根本目的在于预防事故。在查清事故原因之后，应制定防止类似事故重复发生的措施。

（1）对企业生产工艺过程中存在的问题，应与先进技术、先进经验对比，提出改进方案。

（2）对职工操作方法上存在的问题，应与相关安全技术规程对比，提出改进方案。

（3）设备设施及其现有的安全装置存在的问题，可进行技术鉴定，及时检修，使其处于安全有效状态，无安全装置的要按规定设置。

（4）组织管理上存在的问题，应按有关规定及现代管理要求予以解决，如调整机构人员、建立健全规章制度、进行安全教育等。

在防范措施中，应把改善劳动生产条件、作业环境和提高安全技术装备水平放在首位，力求从根本上消除危险因素。

（七）处罚与工伤赔偿

（1）根据《生产安全事故报告和调查处理条例》中对事故责任追究的规定，对相关责任人进行相应处罚和责任追究。

（2）工伤赔偿。

工伤赔偿的问题实质就是工伤保险问题，因此要进行工伤保险赔偿，首先必须要对工伤进行认定。

工伤的认定程序和标准要根据《工伤保险条例》进行，此外，对于职业病的认定还需要按照《职业病防治法》的规定进行诊断、鉴定，确定为职业病之后才能进行工伤认定。

劳动者在劳动过程中发生事故的，用人单位要承担相应的责任。

五、事故报告的编写

事故调查报告是根据调查结果，由事故调查组撰写的事故调查文件，死亡、重伤事故调查报告经调查组全体人员和单位负责人签字后，按规定上报。

事故调查报告的核心内容反映对事故的调查分析结果，即反映事故发生的全过程和原因、工伤造成的人员伤亡和经济损失情况、事故的责任者及其责任情况、事故处理意见和提出的规范措施等。

（一）事故调查报告的特性

1. 真实性

调查报告是在进行详细周密的调查核实之后，以客观事实为依据，认真、准确、全面地反映事故发生单位概况、事故发生经过和救援情况、人员伤亡和直接经济损失、事故发生原因的原始材料。

2. 证据性

经依法调查核实和有关人民政府认定的调查报告及其证明材料具有法定的证明力，它是有关人民政府做出事故处理批复的重要依据，也可以作为司法机关办案的佐证材料。

3．建议性

调查报告在查明事故真相的基础上，要对事故性质、事故责任认定、事故责任者的处理建议和事故防范整改措施等问题提出结论性意见。

4．不可复议、诉讼性

调查报告的不可复议、诉讼性表现在：一是提交调查报告的不是独立的行政主体。事故调查组是临时工作机构，无权独立做出确认当事人的权利、义务和责任的具体行政行为。二是调查报告不具有独立完整、直接执行的法律效力和行政约束力，不能依据调查报告直接实施法律责任追究。三是对调查报告持有异议，不属于法定的行政复议和行政诉讼的受案范围。依照《行政复议法》和《行政诉讼法》的规定，行政相对人申请复议和起诉的主体必须是独立的国家行政机关，复议和起诉的事由必须是被认为是侵犯其合法权益的独立的、完整的具体行政行为。

（二）事故调查报告的撰写要求

1．基本原则

（1）搞好事故的调查研究，掌握第一手资料。

（2）严肃认真、一丝不苟的科学分析态度。

（3）坚持事实就是的原则。

2．撰写要求

（1）事故发生过程调查分析要准确。

（2）原因分析要明确。

（3）责任分析要明确。

（4）对责任者处理要严肃。

（5）预防措施要具体。

（6）调查组成员要签字。

第三章

安全隐患排查治理

安全隐患排查治理工作是贯彻"安全第一、预防为主、综合治理"的方针，落实企业安全生产主体责任，深化安全生产管理和监督，提高安全生产保障水平的重要手段。它包括隐患工作机制、隐患排查和隐患治理。隐患排查是为了及时发现现实和潜在的隐患，减少和预防事故的发生。建立、健全完善的工作机制则是开展隐患排查的前提和保障。隐患治理是对隐患排查结果采取针对性的整改措施，避免和预防事故的发生，是对隐患排查的闭环管理。

安全隐患排查治理是企业管理的重要内容，按照"谁主管、谁负责"和"全覆盖、勤排查、快治理"的原则，明确责任主体，落实职责分工，实行分级分类管理，做好全过程闭环管控。

第一节 隐患定义与分级

一、隐患定义

安全隐患是指安全风险程度较高，可能导致事故发生的作业场所、设备设施、电网运行的不安全状态、人的不安全行为和安全管理方面的缺失。

安全风险程度较高是判断为安全隐患的前提条件；安全风险程度较低的，一般来说认为是缺陷或问题。

可能导致事故发生的作业场所的不安全状态是指作业场所的环境存在造成人员伤亡、财产损失或设备损坏及其他引起事故的因素。

可能导致事故发生的设备设施的不安全状态是指设备、设施存在缺陷或问题，该缺陷或问题可能会引起事故的发生。

可能导致事故发生的电网运行的不安全状态是指电网由于特殊的运行方式或本身电网结构的问题。

可能导致事故发生的人的不安全行为是指人员违反相关安全规程、运行规程、操作规定以及其他规章制度的行为。

可能导致事故发生的安全管理方面的缺失是指企业管理制度不健全、教育培训不到位、安全投入不足等问题。

二、隐患分级

安全隐患等级实行动态管理。依据隐患的发展趋势和治理进展，隐患的等级可进行相应调整。

根据可能造成的事故后果，设备隐患分为Ⅰ级重大事故隐患、Ⅱ级重大事故隐患、一般事故隐患和安全事件隐患四个等级。（"Ⅰ级重大事故隐患和Ⅱ级重大事故隐患"合称"重大事故隐患"）。

（一）Ⅰ级重大事故隐患

Ⅰ级重大事故隐患指可能造成以下后果的设备隐患：

（1）1～2级人身、电网或设备事件。

（2）水电站大坝溃决事件。

（3）特大交通事故，特大或重大火灾事故。

（4）重大以上环境污染事件。

（二）Ⅱ级重大事故隐患

Ⅱ级重大事故隐患指可能造成以下后果或安全管理存在以下情况的设备隐患：

（1）3～4级人身或电网事件。

（2）3级设备事件，或4级设备事件中造成100万元以上直接经济损失的设备事件，或造成水电站大坝漫坝、结构物或边坡垮塌、泄洪设施或挡水结构不能正常运行事件。

（3）重大交通，较大或一般火灾事故。

（4）较大或一般等级环境污染事件。

（三）一般事故隐患

一般事故隐患指可能造成以下后果的设备隐患：

（1）5～8级人身事件。

（2）其他4级设备事件，5～7级电网或设备事件。

（3）一般交通事故，火灾（7级事件）。

（四）安全事件隐患

安全事故隐患指可能造成以下后果的设备隐患：

（1）8级电网或设备事件。

（2）轻微交通事故，火警（8级事件）。

三、设备缺陷与安全隐患的关系

安全隐患与设备缺陷有延续性又有区别。超出设备缺陷管理制度规定的消缺周期仍未消除的设备危急缺陷和严重缺陷，即为安全隐患。对规定的一个消缺周期内的设备缺陷不纳入安全隐患管理，仍由各级单位按照设备缺陷管理规定和工作流程处置。

被判定为安全隐患的设备缺陷，应继续按照公司及各级单位现有设备缺陷管理规定进行处理，同时纳入安全隐患管理流程进行闭环督办。

第二节　工作机制

一、组织体系及职责

（一）组织体系

根据"统一领导、落实责任、分级管理、分类指导、全员参与"的要求，国家电网公司建立总部分部、省、地市和县公司级单位组成的四级隐患排查治理工作机制。

安全隐患排查治理工作的开展核心是建立健全隐患排查组织体系。隐患排查组织体系主要由安全隐患排查治理工作领导小组（见图 3-1）和专责人网络两部分组成。

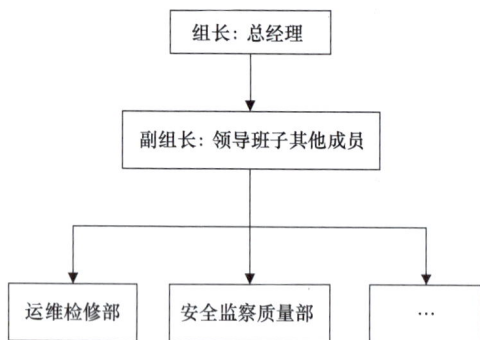

图 3-1 安全隐患排查治理工作领导小组

安全隐患排查治理工作领导小组是安全隐患排查治理工作的领导机构，根据"安全第一、预防为主、综合治理"的工作方针，组织、指导开展安全隐患排查治理工作，负责协调各部门在进行安全隐患排查治理过程中的问题。

安全隐患排查治理专责人网络是安全隐患排查治理工作的重要组成部分，起着上情下达、下情上传的作用，负责本单位安全隐患排查治理情况的评估、治理、督办、统计、分析和信息报送工作。

建立健全工作领导小组和专责人网络有助于落实安全生产责任制，保证所有人员在隐患排查治理过程中能够各司其职、各负其责，从而实现隐患排查治理的全覆盖和无缝化管理。

（二）职责分工

各级单位主要负责人对本单位隐患排查治理工作负全责。各级安全监察部门是隐患排查治理的监督部门，负责督办、检查隐患排查治理工作，归口管理相关数据的汇总、统计、分析、上报。

1. 省级公司的主要职责

（1）负责重大事故隐患排查治理的闭环管理。

（2）贯彻执行政府部门及公司有关要求，组织所属单位开展隐患排查治理工作，保证隐患排查治理所需资金投入和物资供应。各专业职能部门对分管专业范围内安全隐患的排查治理负有管理职责。

（3）核定所属单位上报的重大事故隐患，组织制定、审查批准治理方案，监督、协调治理方案实施，对治理结果进行验收。

（4）对由于主网架结构性缺陷，或主设备普遍性问题，以及重要枢纽变电站、跨多个地市公司级单位管辖的重要输电线路处于检修或切改状态造成的隐患进行排查、评估、定级，制定治理方案，明确治理责任主体，并组织实施。

（5）按照公司总部分部委托范围，具体负责受委托运行维护的跨区电网隐患排查治理。

（6）检查所属单位隐患排查治理开展情况，协调解决所属单位在工作执行过程中遇到的各种问题，针对共性、苗头性、倾向性安全隐患，适时组织开展专项排查治理活动。

（7）汇总、统计、分析本单位隐患排查治理情况，向公司和地方政府有关部门汇报。

（8）督促承担境外工程项目的送变电施工企业开展隐患排查治理工作。

2. 各单位主要职责

（1）负责本单位安全隐患的排查和评估定级；负责审定县公司级单位上报的一般事故隐患；负责初步审核县公司级单位上报的

重大事故隐患；对评估为重大等级的隐患，及时报省公司级单位核定。

（2）根据省公司级单位的安排，负责重大事故隐患控制、治理等相关工作，负责一般事故隐患治理的闭环管理，归口管理并协调、督促所属二级机构、县公司级单位开展安全事件隐患排查治理。各专业职能部门对分管专业范围内安全隐患的排查治理负有管理职责。

（3）受省公司级单位委托，编制重大事故隐患治理方案，报送省公司级单位审查。

（4）根据省公司级单位指导和安排，具体实施重大事故隐患的治理，对重大事故隐患治理结果进行预验收并向省公司级单位申请验收。

（5）负责本单位隐患排查治理情况汇总、统计、分析和上报工作。

（6）协调当地政府相关部门或其他行业单位，促进隐患排查治理。

3. 班组的主要职责

（1）结合设备运维、监测、试验或检修、施工等日常工作排查安全隐患。

（2）根据上级安排开展专项安全隐患排查和治理工作。

（3）负责职责范围内安全隐患的上报、管控和治理工作。

各级单位将生产经营项目、工程项目、场所、设备发包、出租或代维的，应当与承包、承租、代维单位签订安全生产管理协议，并在协议中明确各方对安全隐患排查、治理和防控的管理职责；对承包、承租、代维单位隐患排查治理负有统一协调和监督管理的职责。

二、例行工作

规范有效的安全隐患治理例行工作是安全隐患排查治理长效机制的基本保证。安全隐患治理的例行工作主要包括：定期隐患评估工作会议、隐患排查治理工作联系机制、隐患排查治理月度通报制度。

（一）定期隐患评估工作会议

各单位安全隐患排查治理工作领导小组应定期召开隐患评估工作会议。会议由工作领导小组组长或者由组长委托的领导班子其他成员主持，全面负责本单位的安全隐患排查治理工作，包括隐患排查的梳理、分析、评估及隐患排查治理情况等，并根据评估和治理情况制定下一阶段的隐患排查工作重点。定期隐患评估工作会议可与月安全分析会、月度工作例会等结合进行，并形成会议纪要。

（二）隐患排查治理工作联系机制

隐患排查治理工作相关各部门应建立高效的工作联系机制，各部门间做好横向联系、相互配合，上下级间做好沟通，运维检修部要在各方面给予班组必要的支持和帮助，安全监察质量部作为隐患排查治理工作的归口管理部门，要积极做好协调和沟通工作，及时了解、督查各部门隐患排查治理工作的开展情况，各部门要定期上报隐患排查治理的相关信息。

（三）隐患排查治理月度通报制度

安全监察质量部应定期或不定期对本单位隐患排查治理工作开展情况进行检查，对排查出的事故隐患和问题，层层建立台账，并将检查情况以月度例会或安全简报等形式进行通报，保证了隐患整改责任、措施、资金、时限、预案的"五落实"（落实整改目标、落实整改措施、落实整改时限、落实整改责任、落实整改资金）。

三、资料档案

建立和完善隐患排查治理工作的资料档案是隐患闭环管理和痕迹化管理的要求。各单位应安排专人负责隐患管理资料的整理归档工作，并对各部门隐患资料的整理、归档做好指导工作，按照"一患一档"的要求对隐患进行分类归纳，建立不同的隐患资料档案。以此保证隐患从发现到销号的每一个过程都有据可查。隐患排查记录要规范、统一、内容完整。

（一）各单位应具备的隐患管理资料

各单位的隐患管理资料主要包括：上级下发的隐患类规章制度、隐患排查的实施方案及总结、安全隐患预评估材料或工作例会汇报材料、本单位管辖范围内的隐患清单、整改完成及验收情况、安全隐患排查治理工作例会会议纪要等。

（二）部门应具备的隐患管理资料

部门的隐患管理资料主要包括：上级下发的隐患类规章制度、体现隐患排查治理日常工作安全活动记录、本部门隐患档案表、本部门负责的隐患整改工作计划或工作记录、隐患整改后的整改情况记录及验收资料。

四、教育培训

在各种安全生产教育培训工作中应纳入隐患排查工作的内容。加强职工安全隐患排查能力的培养，提高职工的隐患意识，从而实现"零隐患、标准化"的工作要求。

（一）培训的作用

1. 对管理层的作用

对管理层各级人员进行隐患排查培训，可以使各级管理人员充分认识到企业实施隐患排查治理工作的重要意义和作用，也使各级管理人员明确了自己的工作职责，从而更好地支持隐患排查治理工作，保障了隐患排查治理工作的有效开展。

2. 对基层员工的作用

对基层员工进行隐患排查培训，可以使基层广大员工掌握隐患排查治理的工作方法，了解作为本单位员工在隐患排查治理方面的职责要求，从而更好地发挥广大员工在隐患排查治理工作方面的监督检查作用。

（二）培训形式

安全隐患培训即可以通过视频讲座、培训班的形式进行专项培训，也可以结合定期评估会议、安全检查进行培训。

专项培训针对不同层次、不同岗位的要求，编制一对一的培训课件，对相关人员进行分期、分批培训。管理人员主要是对上级的规定和制度的宣贯培训；班组人员主要是隐患排查型式、方法等方面的培训。

督查培训可以结合各种安全检查进行，主要是针对检查时发现的问题进行重点培训。

第三节 隐患排查治理

一、排查治理的重要性

（1）安全隐患排查治理是贯彻"安全第一、预防为主、综合治理"方针的重要手段，也是企业安全管理工作的重要组成部分。

（2）建立安全隐患排查治理长效机制，强化安全生产主体责任，加强事故隐患监督管理，可以有效防止和减少事故，保障人身、电网、设备安全。

（3）通过"抓隐患、防事故、建机制、免风险"的方针，可以从源头上控制事故。

二、排查治理流程

隐患排查治理应纳入日常工作中，按照"排查（发现）→评估报告→治理（防控）→验收销号"的流程形成闭环管理。

（一）隐患排查

各级单位、各专业应采取技术、管理措施，结合常规工作、专项工作和监督检查工作排查、发现安全隐患，明确排查的范围和方式方法，专项工作还应制定排查方案。

（1）排查范围应包括所有与生产经营相关的安全责任体系、管理制度、场所、环境、人员、设备设施和活动等。

（2）排查方式主要有：电网年度和临时运行方式分析；各类安

全性评价或安全标准化查评；各级各类安全检查；各专业结合年度、阶段性重点工作和"二十四节气表"组织开展的专项隐患排查；设备日常巡视、检修预试、在线监测和状态评估、季节性（节假日）检查；风险辨识或危险源管理；已发生事故、异常、未遂、违章的原因分析，事故案例或安全隐患范例学习等。

（3）排查方案编制应依据有关安全生产法律、法规或者设计规范、技术标准以及企业的安全生产目标等，确定排查目的、参加人员、排查内容、排查时间、排查安排、排查记录要求等内容。

（二）隐患评估

（1）安全隐患的等级由隐患所在单位按照预评估、评估、认定三个步骤确定。重大事故隐患由省公司级单位或总部相关职能部门认定，一般事故隐患由地市公司级单位认定，安全事件隐患由地市公司级单位的二级机构或县公司级单位认定。

（2）地市和县公司级单位对于发现的隐患应立即进行预评估。初步判定为一般事故隐患的，1周内报地市公司级单位的专业职能部门，地市公司级单位接报告后1周内完成专业评估、主管领导审定，确定后1周内反馈意见；初步判定为重大事故隐患的，立即报地市公司级单位专业职能部门，经评估仍为重大隐患的，地市公司级单位立即上报省公司级单位专业职能部门核定，省公司级单位应于3天内反馈核定意见，地市公司级单位接核定意见后，应于24小时内通知重大事故隐患所在单位。

（3）地市公司级单位评估判断存在重大事故隐患后应按照管理关系以电话、传真、电子邮件或信息系统等形式立即上报省公司级单位的专业职能部门和安全监察部门，并于24小时内将详细内容报送省公司级单位专业职能部门核定。

（4）省公司级单位对主网架结构性缺陷、主设备普遍性问题，以及由于重要枢纽变电站、跨多个地市公司级单位管辖的重要输电线路处于检修或切改状态造成的隐患进行评估，确定等级。

（5）跨区电网出现重大事故隐患，受委托的省公司级单位应立即报告委托单位有关职能部门和安全监察部门。

（三）隐患治理（防控）

安全隐患一经确定，隐患所在单位应立即采取防止隐患发展的控制措施，防止事故发生，同时根据隐患具体情况和急迫程度，及时制定治理方案或措施，抓好隐患整改，按计划消除隐患，防范安全风险。

（1）重大事故隐患治理应制定治理方案，由省公司级单位专业职能部门负责或其委托地市公司级单位编制，省公司级单位审查批准，在核定隐患后 30 天内完成编制、审批，并由专业部门定稿后 3 天内抄送省公司级单位安全监察部门备案，受委托管理设备单位应在定稿后 5 天内抄送委托单位相关职能部门和安全监察部门备案。

重大事故隐患治理方案应包括：隐患的现状及其产生原因；隐患的危害程度和整改难易程度分析；治理的目标和任务；采取的方法和措施；经费和物资的落实；负责治理的机构和人员；治理的时限和要求；防止隐患进一步发展的安全措施和应急预案。

（2）一般事故隐患治理应制定治理方案或管控（应急）措施，由地市公司级单位负责在审定隐患后 15 天内完成。

（3）安全事件隐患应制定治理措施，由地市公司级单位二级机构或县公司级单位在隐患认定后1周内完成，地市公司级单位有关职能部门予以配合。

（4）安全隐患治理应结合电网规划和年度电网建设、技改、大修、专项活动、检修维护等进行，做到责任、措施、资金、期限和应急预案"五落实"。

（5）公司总部、分部、省公司级单位和地市公司级单位应建立安全隐患治理快速响应机制，设立绿色通道，将治理隐患项目统一纳入综合计划和预算优先安排，对计划和预算外急需实施的项目须履行相应决策程序后实施，报总部备案，作为综合计划和预算调整的依据；对治理隐患所需物资应及时调剂、保障供应。

（6）未能按期治理消除的重大事故隐患，经重新评估仍确定为重大事故隐患的须重新制定治理方案，进行整改。对经过治理、危险性确已降低、虽未能彻底消除但重新评估定级降为一般事故隐患的，经省公司级单位核定可划为一般事故隐患进行管理，在重大事故隐患中销号，但省公司级单位要动态跟踪直至彻底消除。

（7）未能按期治理消除的一般事故隐患或安全事件隐患，应重新进行评估，依据评估后等级重新填写"重大、一般事故或安全事件隐患排查治理档案表"，重新编号，原有编号销除。

（四）验收销号

（1）隐患治理完成后，隐患所在单位应及时报告有关情况、申请验收。省公司级单位组织对重大事故隐患治理结果进行验收，地市公司级单位组织对一般事故隐患治理结果进行验收，县公司级单位或地市公司级单位二级机构组织对安全事件隐患治理结果进行验收。

（2）事故隐患治理结果验收应在提出申请后 10 天内完成。验收后填写"重大、一般事故或安全事件隐患排查治理档案表"。重大事故隐患治理应有书面验收报告，并由专业部门定稿后 3 天内抄送省公司级单位安全监察部门备案，受委托管理设备单位应在定稿后 5 天内抄送委托单位相关职能部门和安全监察部门备案。

（3）隐患所在单位对已消除并通过验收的应销号，整理相关资料，妥善存档；具备条件的应将书面资料扫描后上传至信息系统存档。

（五）定期评估

省、地市和县公司级单位应开展定期评估，全面梳理、核查各级各类安全隐患，做到准确无误，对隐患排查治理工作进行评估。定期评估周期一般为地市、县公司级单位每月一次，省公司级单位至少每季度一次，可结合安委会会议、安全分析会等进行。

三、安全隐患预警

（1）建立安全隐患预警通告机制。因计划检修、临时检修和特殊方式等使电网运行方式变化而引起的电网运行隐患风险，由相应调度部门发布预警通告，相关部门制定应急预案。电网运行方式变化构成重大事故隐患，电网调度部门应将有关情况通告同级安全监察部门和相关部门。

（2）对排查出影响人身和设备安全的隐患，要分析其风险程度和后果严重性，由相关专业管理部门或作业实施单位及时发布预警通告，及时告知涉及人身和设备安全管理的责任单位。

（3）接到隐患预警通告后，涉及电网、人身和设备安全管理的责任单位应立即采取管控、防范或治理措施，做到有效降低隐患风险，保障作业人员和电网及设备运行安全，并将措施落实情况报告相关部门。隐患预警工作结束后，发布单位应及时通告解除预警。

四、信息报送

（1）分部、省、地市和县公司级单位安全监察部门应分别明确一名专责人，负责安全隐患的汇总、统计、分析、数据库管理、信息报送等工作。相关专业职能部门应明确一名专责人，负责专业范围内安全隐患的统计、分析、信息报送等工作。

（2）重大事故隐患和一般事故隐患需逐级统计、上报至公司总部；安全事件隐患由地市公司级单位统计、上报至省公司级单位，省公司级单位汇总后报公司总部备案。

（3）安全隐患信息报送执行零报告制度。各级单位须如实记录并按时报送。

（4）安全隐患信息报送通过安监一体化平台中的安全隐患管理信息系统进行，与生产管理系统、ERP 等做好数据共享和应用集成，对隐患排查、上报、整改、挂牌督办等工作进行全过程记录和管理，实现自下而上、横向联动，动态跟踪隐患排查治理工作进展情况。

（5）分部、省、地市和县公司级单位应运用安全隐患管理信息系统，做到"一患一档"。

隐患档案应包括以下信息：隐患问题、隐患来源、隐患内容、隐患编号、隐患所在单位、专业分类、归属职能部门、评估等级、整改期限、整改完成情况等。隐患排查治理过程中形成的传真、会议纪要、正式文件、治理方案、验收报告等也应归入隐患档案。上述档案的电子文档应及时录入安全隐患管理信息系统。

（6）地市公司级单位专业职能部门、所属单位（含县公司级单位）每月21日前将当月（上月21日至本月20日，以下同）安全隐患排查治理情况通过安全隐患管理信息系统报地市公司级单位安全监察部门。安全监察部门汇总、审核，形成"安全隐患排查治理一览表"和"安全隐患排查治理情况月报表"。上述"专业职能部门、所属单位"由地市公司级单位结合实际确定。

（7）省公司级单位专业职能部门每月 21 日前将当月安全隐患排查治理情况通过安全隐患管理信息系统报本单位安全监察部门。安全监察部门汇总、审核，形成"安全隐患排查治理一览表"和"安全隐患排查治理情况月报表"。上述"专业职能部门"由省公司级单位结合实际确定。

（8）地市公司级单位安全监察部门每月 23 日前将本单位当月"安全隐患排查治理情况月报表"报省公司级单位安全监察部门。省公司级单位安全监察部门负责汇总、审核，每月 25 日前形成本单位当月"安全隐患排查治理一览表"和"安全隐患查治理情况月报表"。

（9）分部、省公司级单位每月 26 日前通过安全隐患管理信息系统向公司总部上报"安全隐患排查治理情况月报表"，7 月 5 日前通过安全隐患管理信息系统上报半年度工作总结，次年 1 月 5 日前通过公文上报年度隐患排查治理工作总结。

（10）专业职能部门和下属单位应做好沟通协调，确保隐患排查治理报送数据的准确性和一致性。

（11）分部、省、地市和县公司级单位安全监察部门应在月度安全生产会议上通报本单位隐患排查治理工作情况；班组（供电所、运维站）应在每周安全日活动上通报本班组隐患排查治理工作情况。

（12）对于重大事故隐患，分部、省、地市和县公司级单位应按相关规定向地方政府有关部门报告。

五、督办和考核

（一）督办机制

（1）隐患排查治理工作执行上级对下级监督，同级间安全生产监督体系对安全生产保证体系进行监督的督办机制。

（2）安全隐患实行逐级挂牌督办制度。分部、省公司级单位对重大事故隐患实施挂牌督办，地市公司级单位对一般事故隐患实施挂牌督办，县公司级单位及地市公司级单位其他二级机构对安全事件隐患实施挂牌督办，指定专人管理、督促整改。

（3）分部、省公司、地市公司和县公司级单位安全监察部门根据掌握的隐患信息情况，以《安全监督通知书》形式进行督办。定期对隐患排查治理情况进行检查并及时通报。

（二）考核与奖惩

（1）公司总部每年对省公司级单位的隐患排查治理工作进行评价、通报，省、地市、县公司级单位应逐级对所属单位年度隐患排查治理工作开展情况进行评价、通报。

（2）公司各级单位应将隐患排查治理工作纳入安全生产绩效考核范围。

（3）按照公司相关规定对发现、举报和消除重大事故隐患的人员，给予表扬或奖励。

（4）对重大事故隐患治理工作成绩突出的单位，给予表扬或奖励。

（5）对经事故分析认定存在应排查而未排查出隐患导致事故发生的，对瞒报安全隐患，或因工作不力延误消除隐患并导致安全事故的，对上述相关责任人按公司有关奖惩规定处罚。重大事故隐患治理不力，追究分部、省公司级单位责任；一般事故隐患治理不力，由分部、省公司级单位追究相关单位、人员责任；安全事件隐患治理不力，由地市公司、县公司级单位追究相关单位、人员责任。

第四章
生产单位管理岗位安全管理知识和技能

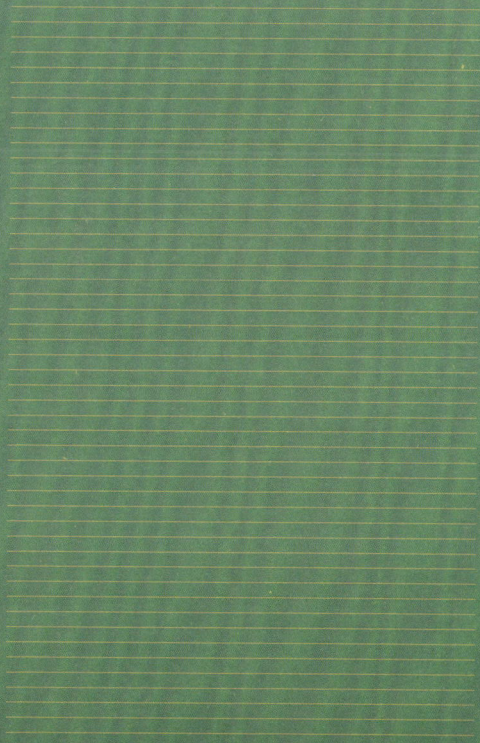

第一节 分管生产副总经理 安全管理知识和技能

一、应掌握的安全管理知识

1. 应了解国家涉及安全生产相关的法律、法规

（1）了解《中华人民共和国安全生产法》相关条款。

（2）了解《中华人民共和国防洪法》相关条款。

（3）了解《中华人民共和国特种设备安全法》相关条款。

（4）了解《中华人民共和国消防法》相关条款。

（5）了解《中华人民共和国职业病防治法》相关条款。

（6）了解《中华人民共和国道路交通安全法》相关条款。

（7）了解《中华人民共和国突发事件应对法》相关条款。

（8）了解《中华人民共和国防汛条例》相关条款。

（9）了解《中华人民共和国劳动法》等相关条款。

2. 应熟悉行业各相关监管部门管理规定

（1）熟悉国务院令第 78 号《水库大坝安全管理条例》相关条款。

（2）熟悉国务院令第 394 号《地质灾害防治条例》相关条款。

（3）熟悉国务院令第 239 号《电力设施保护条例》相关条款。

（4）熟悉国务院令第 115 号《电网调度管理条例》相关条款。

（5）熟悉国务院令第 493 号《生产安全事故报告和调查处理条例》相关条款。

（6）熟悉国务院令第 599 号《电力安全事故应急处置和调查处理条例》相关条款。

（7）熟悉国务院令第 586 号《工伤保险条例》相关条款。

（8）熟悉国务院令第 591 号《危险化学品安全管理条例》相关条款。

（9）熟悉国能安全〔2014〕205 号《电力安全事件监督管理规定》相关条款。

（10）熟悉电监安全〔2009〕61 号《电力企业应急预案管理办法》相关条款。

（11）熟悉电监会令第 3 号《水电站大坝运行安全管理规定》相关条款。

（12）熟悉国办发〔2013〕101 号《突发事件应急预案管理办法》相关条款。

（13）熟悉国务院第 549 号《特种设备安全监察条例》相关条款。

（14）熟悉国办发〔2015〕20 号《国务院办公厅关于加强安全生产监管执法的通知》相关要求。

（15）熟悉国家安监总局令第 44 号《安全生产培训管理办法》相关要求。

（16）熟悉国家安全生产监督管理总局令第 69 号《有限空间安全作业五条规定》相关规定。

（17）熟悉国家安全生产监督管理总局令第 44 号《安全生产培训管理办法》相关要求。

（18）熟悉国务院国有资产监督管理委员会令第 21 号《中央企业安全生产监督管理暂行办法》相关要求。

（19）熟悉国家安全监管总局办公厅《关于印发用人单位劳动防护用品管理规范的通知》（安监总厅安健〔2015〕124号）相关要求。

（20）熟悉国家安全生产监督管理总局第76号《用人单位职业病危害防治八条规定》相关规定。

（21）熟悉国家安全生产监督管理总局《企业安全生产责任体系五落实五到位规定》（安监总办〔2015〕27号）等相关规定。

3. 应掌握国家电网公司安全生产相关工作要求

（1）掌握《国家电网公司防汛管理办法》相关条款。

（2）掌握《国家电网公司水力发电企业防汛检查大纲》相关条款。

（3）掌握《国家电网公司水电厂机组检修安全监督检查大纲》相关条款。

（4）掌握《国家电网公司电力安全工作规程　变电部分》《国家电网公司电力安全工作规程　线路部分》《国家电网公司电力安全工作规程　水电厂动力部分》相关内容。

（5）掌握《国家电网公司安全事故调查规程》相关条款。

（6）掌握《国家电网公司发电企业安全监督检查大纲》（安监三〔2012〕157号）相关条款。

（7）掌握《国家电网公司安全风险管理体系实施指导意见》（国家电网安监〔2007〕206号）相关条款。

（8）掌握《国家电网公司安全生产反违章工作管理办法》相关条款。

（9）掌握《国家电网公司安全隐患排查治理管理办法》相关条款。

（10）掌握《国家电网公司安全职责规范》（国家电网安质〔2014〕1528号）相关条款。

（11）掌握《国家电网公司员工奖惩规定》相关条款。

（12）掌握《国家电网公司直属产业安全风险预警管控工作规范（试行）》（国家电网安质〔2015〕1153号）相关条款。

（13）掌握《国网安质部关于印发信息系统安全监督检查工作规范（试行）》和信息系统事件调查工作规范（试行）的通知（安质二〔2013〕194号）相关条款。

（14）掌握《生产作业风险管控工作规范（试行）》（国家电网安监〔2011〕137号）相关条款。

（15）掌握《国家电网公司交通安全监督检查工作规范（试行）》相关条款。

（16）掌握《国家电网公司消防安全监督检查工作规范（试行）》相关条款。

（17）掌握《国家电网公司应急工作管理规定》等相关条款。

二、应具备的安全管理技能

（1）能够贯彻国家及行业内安全生产方针、政策、法规，正确处理安全与发展、安全与效益的关系，处理好眼前利益与长远利益、主业与集体企业的关系。

（2）能够协调和处理好各职能管理部门之间在安全工作上的协作配合关系。按照"谁主管、谁负责"的原则，建立健全分管工作范围内的安全生产保证体系，落实安全生产责任制，组织制定本公司年度安全生产目标、工作重点和措施，并组织实施。

（3）能够对分管部门人员履行安全职责的情况进行督促检查。对安全职责履行好的应予以表彰和奖励，对不负责任、失职造成事故的应分清责任进行追究。

（4）能够主持安全工作会议，协商解决危及安全生产的隐患及问题，对分管专业安全工作提出意见和建议，强调部署重点工作。

（5）能够组织开展各类安全检查、安全隐患排查、安全教育培训、竞赛评比、表彰先进等工作。

（6）能够主持或参加有关事故调查处理，严格执行事故"四不放过"原则。审批分管范围内事故调查报告和事故统计报表，对事故统计报表的及时性、准确性、完整性负领导责任。负责分管范围内事故处理的善后工作。

（7）能够经常性深入一线班组及工作现场，开展监督检查和反违章工作，对作业环境、作业方法、作业流程、安全防护用品使用及《安规》执行情况等进行检查，及时发现问题并提出改进意见。

（8）能够负责分管范围内工作质量监督和管理，配合建立健全本单位质量监督体系。

（9）能够负责分管范围内的应急管理工作，配合建立健全本单位应急管理体系。组织制定（或修订）并实施分管范围内的突发事件应急预案和演练，协同处置其他专业范围内的防灾减灾、抢险救援等突发事件。

（10）能够负责分管范围内的消防安全管理工作，依据"预防为主、防消结合"的工作方针，规范公司消防安全管理工作。

（11）充分发挥安全监督体系的作用，完善安全监督手段。能够经常听取安监部门的工作汇报，支持安监部门履行自己的职责和职权。督促分管部门和外委单位，主动接受安监部门的安全监督，加强对重大危险源、特种设备、特种作业人员、临时聘用人员的安全管理。

（12）必须具备与本单位所从事的生产经营活动相应的安全生产知识和管理能力。应当通过负有安全生产监督管理职责的主管部门组织的安全生产知识和管理能力考核，并合格。

（13）按要求签订年度信息安全承诺书，并能够在实际工作中严格执行。

第二节 总工程师(副总工程师) 安全管理知识和技能

一、应掌握的安全管理知识

1. 了解行业及各相关监管部门管理规定

了解分管生产副总经理熟悉的相关条款。

2. 熟悉国家电网公司安全生产相关工作要求

熟悉分管生产副总经理掌握的相关条款。

3. 掌握国家电网公司技术管理方面相关工作要求

(1)掌握《国家电网公司水电厂机组检修安全监督检查大纲》相关条款。

(2)掌握《水力发电厂安全设施标准化建设验收评价大纲》(安质三〔2013〕135号)相关条款。

(3)掌握 DL/T 586《电力设备监造技术导则》相关条款。

(4)掌握 DL/T 5370《水电水利工程施工通用安全技术规程》相关条款。

(5)掌握 DL/T 5371《水电水利工程土建施工安全技术规程(含条文说明)》相关条款。

(6)掌握 DL/T 5372《水电水利工程金属结构与机电设备安装安全技术规程》相关条款。

（7）掌握 DL/T 5373《水电水利工程施工作业人员安全技术操作规程》等相关条款。

二、应具备的安全管理技能

（1）能够认真贯彻执行国家有关安全生产的方针、政策、法规和上述有关规定。

（2）能够负责安全技术管理工作，完善技术管理制度体系，优化技术监督系统，落实各级技术人员的安全生产责任制，审定重大安全技术组织措施。

（3）能够组织编审年度"两措"计划，审定非标准运行方式，

重大试验措施和重大检修（施工）项目的安全技术措施，并督促实施。执行《国网新源控股有限公司管理人员到岗到位管理手册》相关规定。

（4）能够领导技术监督和技术管理工作。负责组织编制并审批现场规程和规定，并根据情况的变化，及时组织修改，补充完善。审定新建、改（扩）建、大修、技改、科研等工程和项目中涉及重大安全问题的安全组织技术措施并督促执行。

（5）能够组织编制并实施各类事故应急处理预案，建立和实施有系统、分层次、分工明确、相互协调的事故应急处理体系。

（6）能够组织力量研究安全生产的重大技术问题和解决重大隐患；推广先进管理方法、技术和设备；审查安全技术项目和成果报告；审核新技术、新工艺、新设备、新材料试验和推广的安全措施和方案。

（7）能够按规定定期参加安委会会议、安全生产协调例会、安全分析会、安全检查，及时掌握安全生产情况。

（8）能够按照《国家电网公司安全事故调查规程》与《国家电网公司质量事件调查处理暂行办法》，参加事故（事件）的调查处理工作，严格执行"四不放过"的原则。对发生的性质严重或典型事故（事件），召开专题分析会，提出防范措施，并督促落实。

（9）审查事故（事件）调查报告和事故（事件）统计报表。

（10）按要求签订年度信息安全承诺书，并在实际工作中严格执行。

第三节 安全监察质量部主任安全管理知识和技能

一、应掌握的安全管理知识

1. 应了解行业、监管部门安全生产相关管理规定

（1）应了解生产副总经理应熟悉的行业各相关监管部门管理规定。

（2）应了解总工程师（副总工程师）应熟悉的相关管理内容。

2. 应熟悉国家电网公司安全生产相关管理规定

（1）应熟悉生产副总经理应掌握的行业各相关监管部门管理规定。

（2）应熟悉总工程师应掌握的相关管理内容。

（3）应熟悉副总工程师应掌握的相关管理内容。

3. 应掌握新源公司安全生产相关管理规定

（1）掌握《国网新源控股有限公司安全检查管理手册》相关条款。

（2）掌握《国网新源控股有限公司反违章工作监督管理手册》相关条款。

（3）掌握《抽水蓄能电站作业风险防范和辨识手册（电气一次与二次）》《抽水蓄能电站作业风险防范和辨识手册（发电电动机部分）》《抽水蓄能电站作业风险防范和辨识手册（水泵水轮机及辅助设备）》《抽水蓄能电站作业风险防范和辨识手册（水工部分）》

《抽水蓄能电站作业风险防范和辨识手册（运行部分）》相关内容。

（4）掌握《新源公司水电站安全风险评估规范（生产部分）》相关内容。

（5）掌握《新源公司水电站静态风险评估规范》相关内容。

（6）掌握《国网新源控股有限公司安全检查管理手册》相关内容。

（7）掌握《国网新源控股有限公司安全技术劳动保护措施管理手册》相关内容。

（8）掌握《国网新源控股有限公司安全例会管理手册》相关内容。

（9）掌握《国网新源控股有限公司行政正职安全质量工作评价管理手册》相关内容。

二、应具备的安全管理技能

（1）能够认真贯彻执行"安全第一、预防为主、综合治理"的方针，负责贯彻国家、行业等有关安全工作法律法规和指令性文件，结合具体情况制定实施细则，并监督执行。

（2）能够参加制定公司长远安全规划和年度安全生产目标，组织制定安全技术劳动保护措施计划，参加制定反事故技术措施计划，组织对"两措"计划的执行情况进行监督检查，提出执行情况总结。

（3）能够负责对公司各部门、班组、人员执行安全生产法规、规程、规定及有关安全管理制度等情况进行监督检查。

（4）能够负责监督设备（设施）、交通、工业卫生、防灾减灾等安全工作，对安全设施、安全工器具、安全保护装置、电气防误操作装置的购置、使用、定期试验等内容进行监督。

（5）能够监督、检查和考核公司反违章监督管理工作，对各类违章提出考核意见，组织相关部门开展反违章工作。

（6）能够组织公司应急预案的修编、评审、培训工作，组织应急预案的备案工作；负责应急队伍的日常管理、培训、考核工作，落实应急管理的标准和制度。

（7）能够监督公司隐患排查治理工作开展；组织制定隐患排查治理相关规章制度；组织开展隐患排查治理工作，负责隐患排查治理情况的汇总、统计、分析、上报、归档；对隐患排查治理工作提出考核建议。

（8）能够监督、检查和考核公司安全风险管控工作，组织开展安全风险管控培训，组织修订完善安全风险管控相关规章制度，提出、审核安全风险管控考核意见。

（9）能够负责劳动防护与职业卫生的监督管理工作，监督《职业卫生工作计划》与《劳动防护用品采购、发放计划》的实施；定期组织对劳动防护用品配备、使用、保管情况及职业卫生工作进行检查。

（10）能够检查各生产部门安全工作开展情况；在国家电网公司安监管理一体化平台签阅上级文件，检查、督查各部门安全工作开展情况，按要求上报文件。

（11）能够组织开展安全大检查等安全活动，对安全生产管理工作存在的问题及时提出整改建议和要求，责令限期整改或制定整改计划，并监督整改计划的实施。

（12）依据《国家电网公司安全事故调查规程》与《国家电网公司质量事件调查处理暂行办法》，参加或协助总经理组织事故（事件）调查，监督"四不放过"原则的贯彻落实；负责不安全情况的等级认定，做好事故（事件）统计报告工作，做到及时准确完整。

（13）能够按照新源公司《安全会议制度》，负责组织召开"安全监督及安全网例会"。

（14）会同有关部门监督检查有关劳动安全及卫生等规章制度的贯彻执行情况。督促生产部门采取改进措施，改善现场作业条件，做好防尘、防毒、防噪声及其他有可能有职业危害的治理工作。

（15）及时向公司领导建议表扬和奖励在安全生产中做出显著成绩的部门和个人，对事故责任者提出处理建议或意见。

（16）能够负责组织制定年度安全教育培训工作计划，并对公司其他部门安全教育培训工作提出指导意见。

（17）能够按要求签订年度信息安全承诺书，并在实际工作中严格执行。

（18）能够具备与本单位所从事的生产经营活动相应的安全生产知识和管理能力。应当通过负有安全生产监督管理职责的主管部门组织的安全生产知识和管理能力考核，并合格。

第四节　安全监督管理专责安全管理知识和技能

一、应掌握的安全管理知识

1. 应了解国家电网公司安全生产相关管理规定

（1）应了解总工程师（副总工）应熟悉的相关内容。

（2）应了解安全监察质量部主任应熟悉的相关内容。

（3）应了解《中华人民共和国道路交通安全法》（主席令第四十七号）相关内容。

（4）应了解《中华人民共和国特种设备安全法》（主席令第四号）相关内容。

2. 应熟悉新源公司安全生产相关管理规定

（1）应熟悉副总工程师应掌握的相关内容。

（2）应熟悉安全监察质量部主任应掌握的相关内容。

（3）应熟悉《特种设备事故报告和调查处理规定》（质检总局令第 115 号）相关内容。

（4）应熟悉《国家电网公司交通安全监督检查工作规范（试行）》相关内容。

（5）应熟悉《国家电网公司电力安全工器具管理规定》相关内容。

（6）应熟悉 Q/GDW 434.4《国家电网公司安全设施标准　第 4 部分：水电厂》相关内容。

（7）应熟悉 TSG R 0004《固定式压力容器安全技术监察规程》相关内容。

（8）应熟悉 TSG R 0005《移动式压力容器安全技术监察规程》相关内容。

（9）应熟悉《气瓶安全监察规程》相关内容。

（10）应熟悉《国家电网公司安全技术劳动保护措施计划管理办法（试行）》（国家电网安监〔2006〕1114 号）相关内容。

（11）应熟悉《国家电网公司安全技术劳动保护七项重点措施（试行）》（国家电网安监〔2006〕618 号）相关内容。

3. 应掌握专业管理范围内的法律、法规、安全规章制度

（1）应掌握《国家电网公司电力安全工作规程　变电部分》《国家电网公司电力安全工作规程　线路部分》《国家电网公司电力安全工作规程　水电厂动力部分》相关内容。

（2）应掌握《国网新源控股有限公司安全检查管理手册》相关内容。

（3）应掌握《国网新源控股有限公司反违章工作监督管理手册》相关内容。

（4）应掌握《国网新源控股有限公司特种设备及特种作业人员安全监督管理手册》相关内容。

（5）应掌握《国网新源控股有限公司工程建设厂内交通安全管理手册》等相关内容。

二、应具备的安全管理技能

（1）宣传党和国家有关安全生产、劳动保护的方针、政策、法律、规定以及有关文件、措施等，并监督执行。

（2）认真巡视生产现场，了解、掌握安全生产情况，监督和查处违章作业和习惯性违章行为。有权对违章人员提出警告、改正工作和处理意见。

（3）严格督促"两措"项目的实施。参加春季、迎峰度夏及秋冬季安全生产大检查和季节性的安全例行检查工作，并对存在的问题提出整改建议和意见。

（4）负责生产现场动火工作的监督和指导，对大型操作和大型检修项目到现场检查安全措施的落实，并监督完善。

（5）参加事故的调查、取证和分析工作，按职责权限提出处理意见。

（6）作为消防保卫管理和质量监督与可靠性管理 B 角，在 A 角出差期间，代理其职责范围内的相关安全管理工作。

（7）按要求签订年度信息安全承诺书，并在实际工作中严格执行。

（8）必须具备与本单位所从事的生产经营活动相应的安全生产知识和管理能力。应当通过负有安全生产监督管理职责的主管组织的安全生产知识和管理能力考核，并合格。

（9）完成领导交办的其他安全管理工作。

第五节 消防保卫管理专责安全管理知识和技能

一、应掌握的安全管理知识

1. 应了解国家电网公司安全生产相关管理规定

（1）应了解副总工程师（副总工）应熟悉的相关内容。

（2）应了解安全监察质量部主任应熟悉的相关内容。

（3）应了解《中华人民共和国消防法》（主席令第六号）的相关内容。

（4）应了解《中华人民共和国突发事件应对法》（主席令第六十九号）的相关内容。

（5）应了解《电力安全事故应急处置和调查处理条例》（国务院令第 599 号）的相关内容。

2. 应熟悉新源公司安全生产相关管理规定

（1）应熟悉副总工程师应掌握的相关内容。

（2）应熟悉安全监察质量部主任应掌握的相关内容。

（3）应熟悉《水利水电工程设计防火规范》（2005 版）的相关内容。

（4）应熟悉 GA 95《灭火器的维修与报废规程》的相关内容。

（5）应熟悉 GB 5014《建筑灭火器配置设计规范》的相关内容。

（6）应熟悉 GB 8181《消防水枪》等规范。

（7）应熟悉《电力设施治安风险等级和安全防范要求》的通知（公治 201413 号）的相关内容。

（8）应熟悉《国家电网公司消防安全监督检查工作规范（试行）》的相关内容。

（9）应熟悉《企业安全生产应急管理九条规定》（国家安全生产监督管理总局令第 74 号）的相关内容。

（10）应熟悉《国家电网公司应急预案编制规范》（国家电网安监〔2007〕98 号）的相关内容。

（11）应熟悉《国家电网公司应急指挥中心管理办法（试行）》（国家电网安监〔2008〕715 号）的相关内容。

（12）应熟悉《国家电网公司应急预案体系框架方案》（国家电网办〔2010〕1511 号）的相关内容。

3. 应掌握专业管理范围内的法律、法规、安全规章制度

（1）应掌握《国家电网公司电力安全工作规程　变电部分》《国家电网公司电力安全工作规程　线路部分》《国家电网公司电力安全工作规程　水电厂动力部分》相关内容。

（2）应掌握《国家电网公司消防安全监督检查工作规范（试行）》相关内容。

（3）应掌握《国网新源控股有限公司工程建设安全保卫管理手册》相关内容。

（4）应掌握《国网新源控股有限公司应急工作管理手册》相关内容。

（5）应掌握《国网新源控股有限公司应急预案管理手册》相关内容。

（6）应掌握《国网新源控股有限公司应急指挥（分）中心使用管理手册》等相关内容。

二、应具备的安全管理技能

负责全公司生产、生活场所的防火制度的制订，并检查和督促落实：

（1）能够制定并对重点防火部位防范措施、灭火预案、定期检查并进行通报和考核。

（2）能够组织做好动火现场的消防监护工作。做好全厂消防器材的配置、更换、保养、管理和台账的管理工作。

（3）能够负责做好全厂安全生产保卫和值勤工作，严禁无关人员进入生产区域。做好节、假日的"四防"检查。

（4）能够对事故现场和特殊场所，积极配合安监部门做好保卫和警戒工作。

（5）能够负责易燃易爆及有毒物品的保管、使用、运输进行监督和检查。加强要害部位和执勤岗位的检查，严格门卫出入制度，严禁无关人员和车辆进入生产区域。

（6）能够负责特种设备、大型机具及消防等的监督工作。

（7）能够作为消防保卫管理和质量监督与可靠性管理 B 角，在 A 角出差期间，代理其职责范围内的相关安全管理工作。

（8）能够按要求签订年度信息安全承诺书，并在实际工作中严格执行。

（9）能够办理公司领导交办的其他安全管理方面的工作。

第六节　质量监督及可靠性管理专责安全管理知识和技能

一、应掌握的安全管理知识

1. 应了解国家电网公司安全生产相关管理规定

（1）应了解安全监察质量部主任应熟悉的相关内容。

（2）应了解国家能源局关于印发《电力安全培训监督管理办法》的通知相关内容。

（3）应了解《电力可靠性监督管理办法》相关内容。

（4）应了解《电力可靠性监督管理工作规范》相关内容。

（5）应了解《国家电网公司质量事件调查处理暂行办法》相关内容。

（6）应了解《国网安质部关于进一步加强公司设备质量监督管理工作的通知》相关内容。

2．应熟悉新源公司安全生产相关管理规定

（1）应熟悉安全监察质量部主任应掌握的相关内容。

（2）应熟悉《国务院安委会关于进一步加强安全培训工作的决定》（安委〔2012〕10号）相关内容。

（3）应熟悉《生产经营单位安全培训规定》（安监总局令第3号）相关内容。

（4）应熟悉《特种作业人员安全技术培训考核管理规定》（安监总局令第30号）相关内容。

（5）应熟悉DL/T 793《发电设备可靠性评价规程》相关内容。

（6）应熟悉DL/T 837《输变电设备可靠性评价规程》相关内容。

（7）应熟悉《国家电网公司教育培训管理规定》相关内容。

3．应掌握专业管理范围内的法律、法规、安全规章制度

（1）应掌握《电力安全工作规程　变电部分》《电力安全工作规程　线路部分》《电力安全工作规程　水电厂动力部分》相关内容。

（2）应掌握《国家电网公司电力可靠性工作管理办法》相关内容。

（3）应掌握《国网新源控股有限公司发电设备可靠性数据管理手册》相关内容。

（4）应掌握《国网新源控股有限公司安全教育培训管理手册》相关内容。

（5）应掌握《国网新源控股有限公司生产人员岗位安全资格认证管理手册》相关内容。

（6）应掌握《国网新源控股有限公司质量监督管理手册》相关内容。

（7）应掌握《国网新源控股有限公司资产全寿命周期体系管理手册》等相关内容。

二、应具备的安全管理技能

（1）能够贯彻执行国家、电力行业有关可靠性管理的法规、政策。根据人员变动，及时调整可靠性管理领导小组和可靠性管理网络成员名单。

（2）能够按照国家电网公司《质量监督工作规定》和新源公司《质量监督管理手册》要求组织开展质量监督日常管理工作。

（3）能够按照国家电网公司《电力可靠性工作管理办法》和新源公司《发电设备可靠性数据管理手册》要求组织开展可靠日常管理工作。

（4）能够根据国家电网公司电能质量在线监测系统深化应用工作方案和评价体系，开展系统深化应用自评价工作。

（5）能够开展日常质量监督巡视工作，做好现场巡视记录。巡视过程中发现质量问题，及时要求有关部门进行整改。

（6）能够定期对可靠性数据进行分析，查找问题，制定措施，并在安全质量分析会、安全生产委员会上对可靠性指标执行情况进行汇报，发挥可靠性指标数据的指导作用。

（7）能够根据公司年初下达的可靠性指标，经研究、讨论、分析后，制定公司可靠性指标，并将指标分解落实到相关部门和责任人，并对可靠性指标完成情况提出考评意见。

（8）能够参与公司可靠性数据分析预测和评估，分析查找各环节存在的问题，落实相关改进措施，确保公司年度可靠性目标的完成。

（9）能够负责公司可靠性数据审查，确保对外数的准确性，有权对公司可靠性数据提出异议。

（10）能够按要求签订年度信息安全承诺书，并在实际工作中严格执行。

（11）能够取得国家能源局电力可靠性管理中心颁发的《电力可靠性岗位培训证书》。

（12）能够办理公司领导交办的其他安全管理方面工作。

第七节 运检部主任
安全管理知识和技能

一、应掌握的安全管理知识

1. 应了解行业、监管部门安全生产相关管理规定

（1）应了解生产副总经理应熟悉的行业各相关监管部门管理规定。

（2）应了解总工程师应熟悉的相关管理内容。

（3）应了解副总工程师应熟悉的相关管理内容。

2. 应熟悉国家电网公司安全生产相关管理规定

（1）应熟悉生产副总经理应掌握的行业各相关监管部门管理规定。

（2）应熟悉总工程师应掌握的相关管理内容。

（3）应熟悉副总工程师应掌握的相关管理内容。

（4）应熟悉《水电站大坝运行安全监督管理规定》（发改委2015第23号）相关内容。

3. 应掌握新源公司安全生产相关管理规定

（1）应掌握《国家电网公司水电厂机组检修安全监督检查大纲》相关条款。

（2）应掌握《国网新源控股有限公司反违章工作监督管理手册》相关条款。

（3）应掌握《抽水蓄能电站作业风险防范和辨识手册（电气一次与二次）》《抽水蓄能电站作业风险防范和辨识手册（发电电动机部分）》《抽水蓄能电站作业风险防范和辨识手册（水泵水轮机及辅助设备）》《抽水蓄能电站作业风险防范和辨识手册（水工部分）》《抽水蓄能电站作业风险防范和辨识手册（运行部分）》相关内容。

（4）应掌握《新源公司水电站安全风险评估规范（生产部分）》相关内容。

（5）应掌握《新源公司水电站静态风险评估规范》相关内容。

（6）应掌握《国网新源控股有限公司生产业务外包分级分类安全管理手册》等相关内容。

二、应具备的安全管理技能

（1）能够负责根据公司的年度安全目标计划，组织制定本部门实现企业年度安全目标计划的具体措施，层层落实安全责任，确保安全目标的实现。对机组运行和检修工作中的安全技术问题负有领导责任。

（2）能够按照国家电网公司及新源公司隐患排查治理工作要求，组织本部门隐患排查治理工作。

（3）能够在新源公司生产管理信息（MAXIMO）系统上审核隐患治理方案，检修、技改项目实施方案，签阅上级文件，检查各生产班组工作开展情况；在国网公司安监管理一体化平台签阅上级文件，检查各班组安全工作开展情况，开展安全督查检查工作，评估定级隐患，审批一般隐患验收意见，审核重大事故隐患验收意见。

（4）能够审核改（扩）建、大修、技改、科研等工程和项目中涉及重大安全问题的安全组织技术措施并督促执行。

（5）能够参加安委会会议、安全生产协调例会、检修例会、安全检查，及时掌握安全生产情况。领导、支持本部门安全监督人员的工作；每月定期召开安全分析会，每月至少参加一次班组的安全日活动，抽查班组安全活动记录，并提出改进要。

（6）能够按照《国家电网公司安全事故调查规程》与《国家电网公司质量事件调查处理暂行办法》的规定，主持或参加有关事故（事件）的调查处理，严格执行"四不放过"的原则。对发生的不安全情况，应召开专题分析会，提出防范措施，并督促落实。对本部门事故（事件）统计报告的及时性、准确性、完整性负责。

（7）能够负责消防管理工作；负责防汛、防灾减灾、消防监控设备的现场巡视、运维和操作实施的安全管理。

（8）能够审查事故调查报告和事故统计报表。

（9）能够按要求签订年度信息安全承诺书，并在实际工作中严格执行。

（10）能够办理公司领导交办的其他安全管理方面工作。

第八节　运检部副主任（维护）安全管理知识和技能

一、应掌握的安全管理知识

1. 应了解行业、监管部门安全生产相关管理规定

（1）应了解总工程师应熟悉的相关管理内容。

（2）应了解副总工程师应熟悉的相关管理内容。

2. 应熟悉国家电网公司安全生产相关管理规定

（1）应熟悉总工程师应掌握的相关管理内容。

（2）应熟悉副总工程师应掌握的相关管理内容。

（3）应熟悉《水电站大坝运行安全监督管理规定》（发改委2015第23号）相关内容。

3. 应掌握新源公司安全生产相关管理规定

（1）应掌握 DL/T 5370《水电水利工程施工通用安全技术规程》

相关内容。

（2）应掌握 DL/T 5371《水电水利工程土建施工安全技术规程（含条文说明）》相关内容。

（3）应掌握 DL/T 5372《水电水利工程金属结构与机电设备安装安全技术规程》相关内容。

（4）应掌握 DL/T 5373《水电水利工程施工作业人员安全技术操作规程》相关内容。

（5）应掌握 JGJ 130《建筑施工扣件式钢管脚手架安全技术规范》相关内容。

（6）应掌握 DL/T 586《电力设备监造技术导则》相关内容。

（7）应掌握《国家电网公司水电厂机组检修安全监督检查大纲》相关条款。

（8）应掌握《国家电网公司电力安全工作规程 变电部分》《国家电网公司电力安全工作规程 线路部分》《国家电网公司电力安全工作规程 水电厂动力部分》相关内容。

（9）应掌握《国网新源控股有限公司反违章工作监督管理手册》相关内容。

（10）应掌握《国网新源控股有限公司特种设备及特种作业人员安全监督管理手册》相关内容。

二、应具备的安全管理技能

（1）能够组织修编和审批机组运行、检修等规程和技术管理制度，并组织实施；负责组织编制本部门的年度"两措"计划及各类事故应急处理预案的制定，经审批后组织实施。

（2）能够在反违章工作中负责装置性违章的管理工作，组织实施反装置违章的措施和计划。

（3）能够参与开展公司安全风险管控工作；开展、参与安全风险管控培训；通过组织（参与）编订完善安全管控相关规章制度、审核技术方案等形式，从组织、技术方面保障安全风险管控成效；有权提出安全风险管控工作考核意见。

（4）能够完善技术管理制度体系，强化技术监督系统，落实各级技术人员的安全生产责任制。

（5）能够推广先进管理方法、施工工艺、技术和设备；审查安全技术项目和成果报告；审核新技术、新工艺、新设备、新材料试验和推广的安全措施和方案。

（6）能够对重要或大型检修（施工）项目负责，能够组织或参加制定安全技术措施，并对措施的正确性、完备性承担相应的责任。

（7）负责做好重大危险源、特种设备、危险物品、特种作业人员、临时聘用人员的安全管理工作。

（8）负责按要求签订年度信息安全承诺书，并在实际工作中严格执行。

（9）能够办理公司领导交办的其他安全管理方面工作。

第九节 运检部副主任（运行）安全管理知识和技能

一、应掌握的安全管理知识

1. 应了解行业、监管部门安全生产相关管理规定

（1）应了解总工程师应熟悉的相关管理内容。

（2）应了解副总工程师应熟悉的相关管理内容。

2. 应熟悉国家电网公司安全生产相关管理规定

（1）应熟悉总工程师应掌握的相关管理内容。

（2）应熟悉副总工程师应掌握的相关管理内容。

（3）应熟悉《水电站大坝运行安全监督管理规定》（发改委2015第23号）相关内容。

3. 应掌握新源公司安全生产相关管理规定

（1）应掌握《国家电网公司电力安全工作规程 变电部分》《国家电网公司电力安全工作规程 线路部分》《国家电网公司电力安全工作规程 水电厂动力部分》相关内容。

（2）应掌握《国网新源控股有限公司反违章工作监督管理手册》相关内容。

（3）应掌握 Q/GDW 434.4《国家电网公司安全设施标准 第4部分：水电厂》相关内容。

（4）应掌握《抽水蓄能电站作业风险防范和辨识手册（运行部

分）》相关内容。

（5）应掌握《国网新源控股有限公司发电设备可靠性数据管理手册》相关内容。

（6）应掌握《国家电网公司电力安全工器具管理规定》相关内容。

（7）应掌握《国家电网公司防止电气误操作安全管理规定》（国网安监〔2006〕904号）相关内容。

（8）应掌握《国网新源控股有限公司管理人员到岗到位管理手册》等相关内容。

二、应具备的安全管理技能

（1）能够负责本部门人员参与应急队伍的组建、培训工作；组织、参与本部门专业范围内应急预案的培训、演练、评估工作。

（2）能够负责组织劳动防护用品的采购；组织做好生产区域职业病危害防控工作。

（3）能够负责研究机组运行方式，审核机组安全稳定运行措施，参加反事故演习，解决机组运行、检修中的重大安全技术问题。

（4）能够组织安全规程规定和标准的学习、定期考试及新入职员工的安全教育工作，协调所属各班组、各专业之间的安全协作配合关系。

（5）能够负责组织定期安全检查活动，经常深入生产现场，检查指导安全生产工作，严肃查处违章违纪行为。

（6）能够负责组织计算机网络的安全运行与信息安全及仓库

的物资仓储等工作；对图纸、工艺等技术文件与制度标准有保密责任。

（7）能够做好本部门安全工作，主任不在岗时履行主任的安全责任。

（8）能够按要求签订年度信息安全承诺书，并在实际工作中严格执行。

（9）能够办理公司领导交办的其他安全管理方面工作。

第十节　运检部副主任（技术管理）安全管理知识和技能

一、应掌握的安全管理知识

1. 应了解行业、监管部门安全生产相关管理规定

（1）应了解总工程师应熟悉的相关管理内容。

（2）应了解副总工程师应熟悉的相关管理内容。

（3）应了解《防止电力生产事故的二十五项重点要求》（国能安全〔2014〕161号）相关内容。

2. 应熟悉国家电网公司安全生产相关管理规定

（1）应熟悉总工程师应掌握的相关管理内容。

（2）应熟悉副总工程师应掌握的相关管理内容。

（3）应熟悉《国家电网公司十八项电网重大反事故措施》（修

订版）（国家电网生〔2012〕352号）相关内容。

（4）应熟悉《国家电网公司技术监督管理规定》相关内容。

（5）应熟悉《国家电网公司质量监督工作规定》相关内容。

3. 应掌握新源公司安全生产相关管理规定

（1）应掌握《国家电网公司电力安全工作规程　变电部分》《国家电网公司电力安全工作规程　线路部分》《国家电网公司电力安全工作规程　水电厂动力部分》相关内容。

（2）应掌握《国网新源控股有限公司资产全寿命周期体系管理手册》等相关内容。

二、应具备的安全管理技能

（1）能够负责完善技术管理制度体系，强化技术监督系统，落实各级技术人员的安全生产责任制。

（2）能够负责制定安全技术措施，并对措施的正确性、完备性承担相应的责任。

（3）能够负责审核改（扩）建、大修、技改、科研等工程和项目中涉及重大安全问题的安全组织技术措施。

（4）能够协助主任做好本部门安全工作，主任不在岗时履行主任的安全责任。

（5）能够按要求签订年度信息安全承诺书，并在实际工作中严格执行。

（6）能够办理公司领导交办的其他安全管理方面工作。

第十一节 运检部安全专工 安全管理知识和技能

一、应掌握的安全管理知识

1. 应了解行业、监管部门安全生产相关管理规定

（1）应了解运检部副主任（运行）应熟悉的相关管理内容。

（2）应了解运检部副主任（维护）应熟悉的相关管理内容。

2. 应熟悉国家电网公司安全生产相关管理规定

（1）应熟悉运检部副主任（运行）应掌握的相关管理内容。

（2）应熟悉运检部副主任（维护）应掌握的相关管理内容。

（3）国家电网公司防止电气误操作安全管理规定（国网安监〔2006〕904 号）。

3. 应掌握新源公司安全生产相关管理规定

（1）应掌握《国家电网公司电力安全工作规程 变电部分》《国家电网公司电力安全工作规程 线路部分》《国家电网公司电力安全工作规程 水电厂动力部分》相关内容。

（2）应掌握《国网新源控股有限公司反违章工作监督管理手册》相关内容。

（3）应掌握《国家电网公司电力安全工器具管理规定》相关内容。

（4）应掌握《国家电网公司电力建设起重器械安全监督管理办

法》相关内容。

（5）应掌握《国网新源控股有限公司特种设备及特种作业人员安全监督管理手册》相关内容。

（6）应掌握《国网新源控股有限公司管理人员到岗到位管理手册》相关内容。

（7）应掌握《国网新源控股有限公司安全设施标准化建设管理手册》等相关内容。

二、应具备的安全管理技能

（1）能够负责设备运行技术管理（交接班、钥匙管理监督、重要时期保电、设备定期轮换以及定期工作管理）。

（2）能够负责本部门安全专项大修和安全专项技改管理。

（3）能够负责根据各时期不同的工作任务及新出现的安全技术问题，及时提出检修规程、图纸资料或设备系统、检修（施工）工艺、运行规程等的补充或修改意见，经审批后监督实施。

（4）能够负责安全技术培训、规程制度的学习与考试工作。

（5）能够负责审阅运维班组的安全技术台账，并做好相关部分安全技术资料、台账、图纸的管理工作。

（6）能够负责在国网公司安监管理一体化平台签阅上级文件，检查相关专业范围内安全工作开展情况，开展安全督查检查工作，预评估定级隐患，记录隐患治理情况。

（7）能够负责部门安全工器具的管理工作。

（8）能够负责生产培训、停复役、调度协调管理。

（9）能够负责反措管理工作。

（10）能够负责"两票"管理工作。

（11）能够负责防误管理工作。

（12）能够负责临时措施管理工作。

（13）能够监督本部门安措项目执行与落实。

（14）能够按要求签订年度信息安全承诺书，并在实际工作中严格执行。

（15）能够办理公司领导交办的其他安全管理方面工作。

第十二节　运检部科技与环保专工安全管理知识和技能

一、应掌握的安全管理知识

1. 应了解行业、监管部门安全生产相关管理规定

（1）应了解运检部副主任（技术管理）应熟悉的相关管理内容。

（2）中华人民共和国职业病防治法。

2. 应熟悉国家电网公司安全生产相关管理规定

（1）应熟悉运检部副主任（技术管理）应掌握的相关管理内容。

（2）用人单位职业病危害防治八条规定（安监总局令第 76 号）。

3. 应掌握新源公司安全生产相关管理规定

（1）应掌握《国家电网公司电力安全工作规程　变电部分》《国

家电网公司电力安全工作规程　线路部分》《国家电网公司电力安全工作规程　水电厂动力部分》相关内容。

（2）应掌握《国网新源控股有限公司安全技术劳动保护措施管理手册》等相关内容。

二、应具备的安全管理技能

（1）能够在部门主任和分管副主任的领导下，负责科技与环保安全技术方面的工作。认真贯彻执行国家有关安全生产方面的法律法规、上级颁发的及本公司的有关规程、制度。

（2）能够负责重大科技项目实施工作。

（3）能够负责科技项目管理工作。组织科技储备项目征集、审查工作，确保储备项目质量；验组织评审、项目审计、资料归档、负责项目闭环管理。

（4）能够负责科技成果管理。组织年度科技成果鉴定工作负责公司科学技术进步奖评审工作。

（5）能够负责专利申报管理。开展专利申报交流与培训，负责专利申报检查和督促，确保完成年度专利任务。

（6）能够负责技术标准建设。组织开展公司技术标准体系完善和优化工作；协调国标、行标、国网企标编制工作，确保高质量、按时完成各项标准编制任务。

（7）能够负责环境保护、水土保持、职业卫生健康和劳动防护业务归口管理，完善管理体系，建立公司职业卫生数据库，做好环保、职业卫生工作培训及技术监督工作。

（8）能够按要求签订年度信息安全承诺书，并在实际工作中严格执行。

（9）能够办理公司领导交办的其他安全管理方面工作。

第十三节　运检部电气一次专工安全管理知识和技能

一、应掌握的安全管理知识

1. 应了解行业、监管部门安全生产相关管理规定

（1）应了解运检部副主任（运行）应熟悉的相关管理内容。

（2）应了解运检部副主任（维护）应熟悉的相关管理内容。

（3）应了解关于贯彻执行《电力设施治安风险等级和安全防范要求》的通知（公治 201413 号）相关内容。

2. 应熟悉国家电网公司安全生产相关管理规定

（1）应熟悉运检部副主任（运行）应掌握的相关管理内容。

（2）应熟悉运检部副主任（维护）应掌握的相关管理内容。

（3）应熟悉《国家电网公司消防安全监督检查工作规范（试行）》相关内容。

3. 应掌握新源公司安全生产相关管理规定

（1）应掌握《国家电网公司电力安全工作规程　变电部分》《国家电网公司电力安全工作规程　线路部分》《国家电网公司电力安

全工作规程 水电厂动力部分》相关内容。

（2）应掌握《国网新源控股有限公司反违章工作监督管理手册》相关内容。

（3）应掌握《抽水蓄能电站作业风险防范和辨识手册（电气设备安装）》相关内容。

（4）应掌握《抽水蓄能电站作业风险防范和辨识手册（电气一次与二次）》等相关内容。

二、应具备的安全管理技能

（1）能够负责电气一次设备专业安全技术方面的工作。

（2）能够负责监督检查电气一次设备安全技术措施及规章制度的贯彻执行情况，指导做好各项安全技术管理工作。

（3）能够根据各时期不同的工作任务及新出现的安全技术问题，及时提出检修规程、图纸资料或设备系统、检修（施工）工艺、运行规程等的补充或修改意见，经审批后监督实施。

（4）能够编制电气一次专业的设备大修（施工）、非标准检修、更改工程、新技术、新工艺或重要施工项目的安全技术组织措施，经批准后对工作组进行技术交底和安全措施交底，并布置、指导、检查运维人员编制分项检修（施工）项目的安全措施和交底工作，认真履行设备质量验收职责。组织或参加定期的运行分析、事故预想及反事故演习。

（5）能够参与电气一次专业范围内应急预案的培训、演练、评估工作。组织编制并实施归口专业各类事故应急处理预案。

（6）能够负责电气一次专业范围内事故隐患的评估定级，审核上报的事故隐患，参加隐患排查治理检查及专项治理活动，对治理结果进行复核验收，闭环管理隐患排查治理工作；有权对事故隐患排查治理工作提出考核建议。

（7）能够负责从组织、技术方面保障电气一次专业范围内安全风险管控成效。

（8）能够负责组织填写上报本专业范围内的事故报告，对所发生的事故提出技术原因分析和改进措施。

（9）能够负责审核归口专业事故调查报告和事故统计报表。

（10）能够负责查阅声场现场运维日志和各种记录，掌握管理范围内的设备缺陷和异常情况，安排重点巡视设备清单。

（11）能够负责消防技术、临时用电等的安全管理。

（12）能够按要求签订年度信息安全承诺书，并在实际工作中严格执行。

（13）能够办理公司领导交办的其他安全管理方面工作。

第十四节 运检部电气二次专工安全管理知识和技能

一、应掌握的安全管理知识

1. 应了解行业、监管部门安全生产相关管理规定

（1）应了解运检部副主任（运行）应熟悉的相关管理内容。

（2）应了解运检部副主任（维护）应熟悉的相关管理内容。

2. 应熟悉国家电网公司安全生产相关管理规定

（1）应熟悉运检部副主任（运行）应掌握的相关管理内容。

（2）应熟悉运检部副主任（维护）应掌握的相关管理内容。

3. 应掌握新源公司安全生产相关管理规定

（1）应掌握《国家电网公司电力安全工作规程　变电部分》《国家电网公司电力安全工作规程　线路部分》《国家电网公司电力安全工作规程　水电厂动力部分》相关内容。

（2）应掌握《国网新源控股有限公司反违章工作监督管理手册》相关内容。

（3）应掌握《抽水蓄能电站作业风险防范和辨识手册（电气一次与二次）》相关内容。

（4）应掌握国家电网公司信息通信标准体系（2013版）（国家电网科〔2014〕985号）。

二、应具备的安全管理技能

（1）能够负责电气二次设备（含通信）专业安全技术方面的工作。

（2）能够负责监督检查电气二次设备（含通信）安全技术措施及规章制度的贯彻执行情况，指导做好各项安全技术管理工作。

（3）能够负责根据各时期不同的工作任务及新出现的安全技术问题，对设备定值进行管理，并及时提出检修规程、图纸资料或设备系统、检修（施工）工艺、运行规程等的补充或修改意见，经审批后监督实施。

（4）能够负责编制电气二次专业的设备（含通信）大修（施工）、非标准检修、更改工程、新技术、新工艺或重要施工项目的安全技术组织措施，经批准后对工作组进行技术交底和安全措施交底，并布置、指导、检查运维人员编制分项检修（施工）项目的安全措施和交底工作，认真履行设备质量验收职责。组织或参加定期的运行分析、事故预想及反事故演习。

（5）能够参与电气二次专业范围内应急预案的培训、演练、评估工作。组织编制并实施归口专业各类事故应急处理预案。

（6）能够负责电气二次专业范围内事故隐患的评估定级，审核上报的事故隐患，参加隐患排查治理检查及专项治理活动，对治理结果进行复核验收，闭环管理隐患排查治理工作；有权对事故隐患排查治理工作提出考核建议。

（7）能够负责从组织、技术方面保障电气二次专业范围内安全风险管控成效。

（8）能够负责组织填写上报本专业范围内的事故报告，对所发生的事故提出技术原因分析和改进措施。

（9）能够负责审核归口专业事故调查报告和事故统计报表。

（10）能够负责设备健康状态分析管理，通过查阅生产现场运维日志和各种记录，掌握管理范围内的设备缺陷和异常情况，安排重点巡视设备清单。

（11）能够按要求签订年度信息安全承诺书，并在实际工作中严格执行。

（12）能够办理公司领导交办的其他安全管理方面工作。

第十五节　运检部水机专工安全管理知识和技能

一、应掌握的安全管理知识

1. 应了解行业、监管部门安全生产相关管理规定

（1）应了解运检部副主任（运行）应熟悉的相关管理内容。

（2）应了解运检部副主任（维护）应熟悉的相关管理内容。

2. 应熟悉国家电网公司安全生产相关管理规定

（1）应熟悉运检部副主任（运行）应掌握的相关管理内容。

（2）应熟悉运检部副主任（维护）应掌握的相关管理内容。

3. 应掌握新源公司安全生产相关管理规定

（1）应掌握《国家电网公司电力安全工作规程　变电部分》《国家电网公司电力安全工作规程　线路部分》《国家电网公司电力安全工作规程　水电厂动力部分》相关内容。

（2）应掌握《国家电网公司水电厂机组检修安全监督检查大纲》相关内容。

（3）应掌握 DL/T 586《电力设备监造技术导则》相关内容。

（4）应掌握《国网新源控股有限公司反违章工作监督管理手册》相关内容。

（5）应掌握《抽水蓄能电站作业风险防范和辨识手册（水泵水轮机及辅助设备）》等相关内容。

二、应具备的安全管理技能

（1）能够负责水力机械设备专业安全技术方面的工作。

（2）能够负责监督检查机械设备安全技术措施及规章制度的贯彻执行情况，指导做好各项安全技术管理工作。

（3）能够根据各时期不同的工作任务及新出现的安全技术问题，提出检修规程、图纸资料或设备系统、检修（施工）工艺、运行规程等的补充或修改意见，经审批后监督实施。

（4）能够编制水力机械专业的设备大修（施工）、非标准检修、更改工程、新技术、新工艺或重要施工项目的安全技术组织措施，经批准后对工作组进行技术交底和安全措施交底，并布置、指导、检查运维人员编制分项检修（施工）项目的安全措施和交底工作，认真履行设备质量验收职责。组织或参加定期的运行分析、事故预想及反事故演习。

（5）能够参与水力机械专业范围内应急预案的培训、演练、评估工作。组织编制并实施归口专业各类事故应急处理预案。

（6）能够负责水力机械专业范围内事故隐患的评估定级，审核上报的事故隐患，参加隐患排查治理检查及专项治理活动，对治理结果进行复核验收，闭环管理隐患排查治理工作；有权对事故隐患排查治理工作提出考核建议。

（7）能够负责从组织、技术方面保障水力机械专业范围内安全风险管控成效。

（8）能够负责组织填写上报本专业范围内的事故报告，对所发生的事故提出技术原因分析和改进措施。

（9）能够负责审核归口专业事故调查报告和事故统计报表。

（10）能够负责设备健康状态分析管理，通过查阅生产现场运维日志和各种记录，掌握管理范围内的设备缺陷和异常情况，安排重点巡视设备清单。

（11）能够按要求签订年度信息安全承诺书，并在实际工作中严格执行。

（12）能够办理公司领导交办的其他安全管理方面工作。

第十六节　运检部水工专工安全管理知识和技能

一、应掌握的安全管理知识

1. 应了解行业、监管部门安全生产相关管理规定

（1）应了解运检部副主任（运行）应熟悉的相关管理内容。

（2）应了解运检部副主任（维护）应熟悉的相关管理内容。

2. 应熟悉国家电网公司安全生产相关管理规定

（1）应熟悉运检部副主任（运行）应掌握的相关管理内容。

（2）应熟悉运检部副主任（维护）应掌握的相关管理内容。

3. 应掌握新源公司安全生产相关管理规定

（1）应掌握《中华人民共和国防汛条例》（国务院令第588号）相关内容。

（2）应掌握《水电站大坝运行安全监督管理规定》（发改委2015第23号）相关内容。

（3）应掌握《国家电网公司电力安全工作规程 变电部分》《国家电网公司电力安全工作规程 线路部分》《国家电网公司电力安全工作规程 水电厂动力部分》相关内容。

（4）应掌握《抽水蓄能电站作业风险防范和辨识手册（水工部分）》相关内容。

（5）应掌握《国网新源控股有限公司生产业务外包分级分类安全管理手册》等相关内容。

二、应具备的安全管理技能

（1）能够负责水工建筑物安全技术方面的工作。

（2）能够负责监督检查水工建筑物安全技术措施及规章制度的贯彻执行情况，指导做好各项安全技术管理工作。

（3）能够负责电站防汛、防台管理工作。

（4）能够根据各时期不同的工作任务及新出现的安全技术问题，提出检修规程、图纸资料或设备系统、检修（施工）工艺、运行规程等的补充或修改意见，经审批后监督实施。

（5）能够负责组织编制并实施归口专业各类事故应急处理预案。

（6）能够负责水工专业范围内事故隐患的评估定级，审核上报的事故隐患，参加隐患排查治理检查及专项治理活动，对治理结果进行复核验收，闭环管理隐患排查治理工作；有权对事故隐患排查治理工作提出考核建议。

（7）能够负责从组织、技术方面保障水工专业范围内安全风险管控成效。

（8）能够负责组织填写上报本专业范围内的事故报告，对所发生的事故提出技术原因分析和改进措施。

（9）能够负责审核归口专业事故调查报告和事故统计报表。

（10）能够负责水工建筑物健康状态分析管理，通过大坝自动化观测、渗水量等与各种记录，掌握管理范围内的异常情况，安排重点巡视清单。

（11）能够负责公司基建尾工、小型基建项目、土建项目实施管理。

（12）能够按要求签订年度安全信息安全承诺书，并在实际工作中严格执行。

（13）能够办理公司领导交办的其他安全管理方面工作。